免责声明

· 本书收录的制作实例由 2019 ~ 2021 年《MJ 无线与实验》上发表的制作笔记再次编辑而成。

· 为了更直观，实物配线图上元器件的大小和方向进行了适当调整，配线颜色与样机也有所不同。

· 制作实例中使用的重要元器件，尽可能给出了替代建议。另外，书中的供应信息仅供参考。

· 高压非常危险，操作必须谨慎。本书作译者及出版者对所有意外概不负责。

电子管音频放大器
入门级制作 10 例

［日］MJ 无线与实验编辑部 编 ● 蒋萌 译 ● 东晨 审校

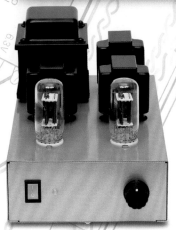

科学出版社

北京

图字：01-2024-3266号

内 容 简 介

本书收录了MJ音频艺术节及其他试听活动中实际使用的10款电子管放大器，供初学者制作和学习。如今，电子管放大器的设计技术仍在进步，资深爱好者可借鉴书中的设计理念与制作经验，创新设计与制作方法。

为了降低制作难度，电路设计上留有较大的裕量，以弥补元器件参数偏差与电子管离散性，配合实物配线图，用一块万用表就能完成调试和制作。此外，元器件均选用容易购买且成本低廉的常用件，以期读者在制作电子管放大器的过程中产生兴趣，进而钻研Hi-Fi音频放大器技术。

本书适用于电子管放大器/音响爱好者入门、进阶，也可作为电子工程及相关专业的实验参考书和课外读物。

图书在版编目（CIP）数据

电子管音频放大器入门级制作10例 / 日本MJ无线与实验编辑部编；蒋萌译. -- 北京：科学出版社，2024. 6. -- ISBN 978-7-03-078708-8

Ⅰ.TN722.1

中国国家版本馆CIP数据核字第2024CW5936号

责任编辑：喻永光　杨　凯/责任制作：周　密　魏　谨
责任印制：肖　兴/封面设计：张　凌

科 学 出 版 社 出版
北京东黄城根北街16号
邮政编码：100717
http://www.sciencep.com

北京中科印刷有限公司印刷
科学出版社发行　各地新华书店经销

*

2024年6月第 一 版　　开本：787×1092　1/16
2024年6月第一次印刷　　印张：9
字数：226 000

定价：128.00元
（如有印装质量问题，我社负责调换）

打造音质优美的电子管功率放大器

实物配线图是电子管放大器的精髓所在

● 正确连接电子元件

实物配线图包含所有元器件及其连接状态，本书收录的 10 款电子管音频放大器均配有全彩实物配线图。

读者仅需掌握电子线路基础知识，按照实物配线图正确连接电子元器件，即可复刻高性能作品。

● 有效利用库存电子管

本书的另一个特色是积极使用电子管放大器制作实例中比较少用的电子管。

其中典型的例子就是小型复合电子管（图 1）。这种电子管是电子管时代末期制品，其设计与制造水平达到顶点，性能极高，但多数小型电子管不是专为音频放大设计的，故在如今的电子管音频热潮中被忽视，许多新品长眠在店家的仓库中，价格低廉。

图1　形状较为罕见的小型电子管。一个玻璃管内有多个放大单元（复合管），适合用少量电子管制作放大器

多数非音频专用的电子管可以通过选用合适的工作点，作音频放大用。另外，巧妙利用灯丝规格不同的同系列管也是降低制作成本的有效手段。电子管灯丝大多是旧电池电压规格，即 6.3V 或 12.6V，可并联使用。20 世纪 50 年代前后出现了很多款为无灯丝变压器式收音机和电视机制造的串接灯丝电子管，如本书使用的 32A8 和 19AQ5。它们与知名的音频电子管 6BM8 和 6AQ5（灯丝电压 6.3V）仅仅是灯丝电压不同，只需"稍加处理"，就可以用于音频了。

● 简化的放大器

本书前两个项目介绍的两种机型（6FM7 单端和 ECL805 单端）是专为新手设计的。每个声道用一支三极－五极复合管完成电压放大与功率放大，是纯粹的电子管放大器。这两台放大器的输出功率为 2W 左右，略显单薄，但 2W 的功率完全满足普通家用。

EL34 单端放大器的机箱内部配置如图 2 所示。深受欢迎的 EL34 放大器（图 3）内部竟然如此简单。

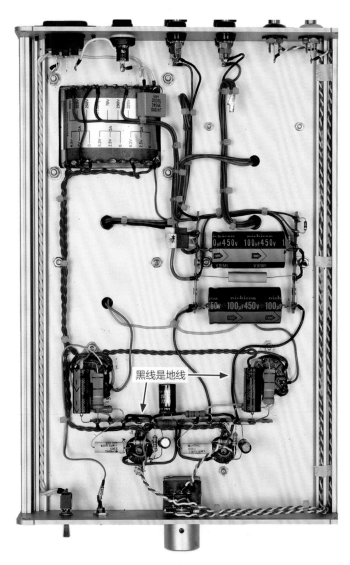

黑线是地线

图2　EL34单端放大器的机箱内部配置。简单结构容易激发制作热情

图3　本书收录的放大器大多是参加过试听活动的实力派（2019年电子管音频展）

● 注意安全

放大器的电源电压是 100V^①，内部更涉及 400V 的直流高压，必须特别注意。

制作时，一定要反复确认电解电容和二极管的极性。配线时，一定要用万用表确认连接状态。严格遵守这些基本规则就能有效预防大部分事故。另外，每种放大器的讲解中都包含注意事项，请务必在理解它们的基础上享受制作的快乐。

实物配线图 · 内部照片 · 电路原理图

● 实物配线图和内部照片

观察对照实物配线图与机箱内部配置（图 4）可知，实物配线图虽然符合电气原理，但三维配线转化为二维图片后有微妙的形变。例如，展开了相互遮挡的元器件，省略了不用的变压器引线，这能使画面简洁易懂。

要注意的是，实际制作中还要随机应变地调整，比如有时按最短距离配线，有时则沿机箱角落配线等。此外，经验还告诉我们，交流灯丝配线要尽可能远离信号线。这些经验知识都包含在机箱内部照片中。本书尽可能提供大照片，以便读者看清机箱内部的每一处细节。

请根据实物配线图确认电气连接，根据内部照片确认配线路径和零件的安装状态，尽可能保证配线美观。整洁的配线可以避免很多麻烦。

● 识读电路原理图

有了实物配线图和内部照片就可以制作本书中的大部分放大器了，但为了进步，还是有必要解读电路原理图。

---

① 这是日本电压标准（后同），中国的电压标准是220V。——审校者注

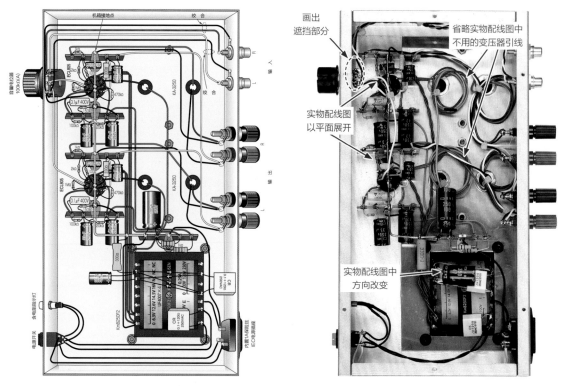

图4　实物配线图与机箱内部配置，二者互补展示配线状态

　　电路原理图仅表示电气连接，省略了零件的位置关系等，新手只看电路原理图基本不可能制作出放大器，但是分析电路工作情况的时候必须看电路原理图。

　　下面我们以实际电路原理图（图5）为例，介绍其基础知识。

（1）信号的流向

　　图5所示为ECL805单端放大器的电路原理图。

　　该放大器使用的电子管ECL805是一个玻璃管中含有两个放大单元的三极－五极复合管。

　　电路原理图上半部通常是将微弱信号放大到足以驱动扬声器的"放大部分"，下半部通常是为放大电路供电的"电源部分"。根据绘制电路图的一般规则，信号从左向右流动。该放大器的信号放大分为两个阶段，三极管单元对信号电压放大，五极管单元对信号功率放大。

　　该图的例外情况是两路负反馈（NFB）。负反馈，即反馈信号（一般为输出信号）与输入信号极性相反或变化方向相反（反相），输出变动所造成的影响恰和原变动的趋势相反。在放大器中采用负反馈电路，目的是改善放大器的工作性能，提高放大器的输出信号质量。引入负反馈电路之后，放大器的增益要比没有负反馈时低，但是可以改善放大器的许多性能，主要有四项：减小放大器的非线性失真、扩宽放大器的频带、降低放大器的噪声、稳定放大器的工作状态。

　　该电路原理图中，一路负反馈信号从输出变压器次级16Ω端子返回三极管单元的阴极。配线路径较远，故用箭头表示连接（NFB①）。

　　另一路负反馈信号从输出变压器的接地端子（实际用作8Ω端子）返回束射四极管单元的阴极（NFB②）。

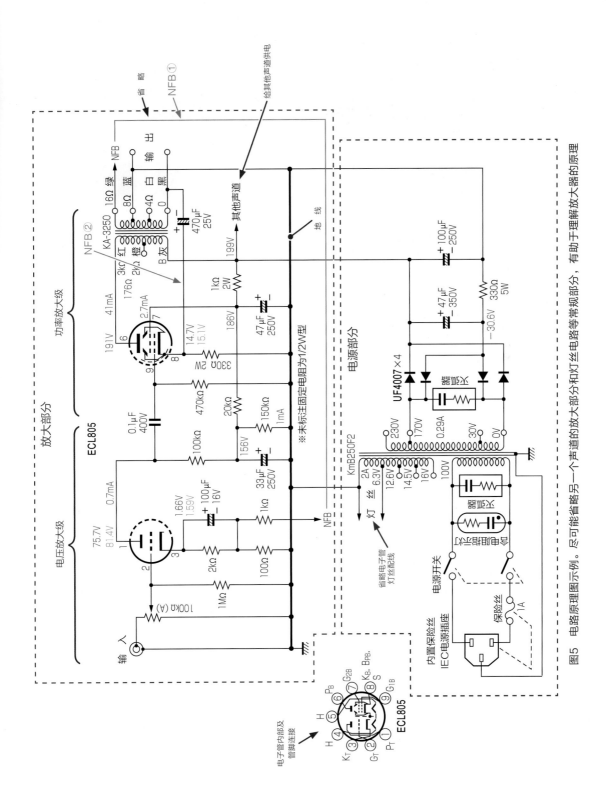

图5　电路原理图示例。尽可能省略另一个声道的放大部分和灯丝电路等常规部分，有助于理解放大器的原理

本机是双声道立体声放大器，两个相同的放大部分位于同一个机罩内。该电路原理图只展示了一个声道的放大部分，省略了另一个声道。"其他声道"的箭头连接省略的声道。

（2）电源部分

本机的电源部分十分简单，如图6所示。电源变压器将市电交流100V提高至170V，再通过二极管桥整流、电容滤波，输出200V左右的高压直流电，供放大电路使用。

变压器6.3V绕组是电子管灯丝电压绕组。灯丝加热电子管的阴极（旁热管），使之释放电子。它连接电子管的④脚和⑤脚，这是电子管电路中必有的部分，因此电路原理图中省略了。很多初学者会出现"明明按照电路原理图接线了，却没有声音"的问题，原因即忘记灯丝配线。

图6 将电源部分和放大部分模块化，便于日后维护

（3）接　地

接地配线是电子管放大器制作的难点，稍复杂。

图5中的粗线是地线，是放大器的0V电位，即电压基准所在。电路原理图中标出的电压值表示对地线的电位差。接地应使用黑线，便于一眼就能看出所有线是否已连接（参考图2所示的机箱内部配置）。

音频放大器的地线必须与机箱连接1个点或2个点，这点尤为关键，初学者经常忘记这一点。

目　录

单支电子管输出功率2.2W！新型入门级放大器

6FM7单端功率放大器
长岛胜　　　　　　　　　　　　　　　　　　　　　　　　　1

单支电子管输出功率达2.6W

ECL805单端功率放大器
长岛胜　　　　　　　　　　　　　　　　　　　　　　　　　15

输出6.5W，阻尼系数2.75，让人跃跃欲试的无大环路反馈放大器

EL34三极管接法单端功率放大器
岩村保雄　　　　　　　　　　　　　　　　　　　　　　　　29

金属管放大器，输出4.5W

12A6并联单端放大器
征矢进　　　　　　　　　　　　　　　　　　　　　　　　　43

甲2类输出5.8W，小改进提升音质

6JA5三极管接法单端功率放大器
长岛胜　　　　　　　　　　　　　　　　　　　　　　　　　55

差动放大，甲类推挽，最大输出功率8.5W

6T10 推挽功率放大器
岩村保雄
69

制作简单的推挽放大器

19AQ5 超线性接法推挽功率放大器
岩村保雄
83

有效利用6BM8系列电子管

32A8 全直接耦合推挽功率放大器
征矢进
97

6L6GC 三极管接法，输出功率6W

6L6GC 全直接耦合单端功率放大器
征矢进
109

低内阻双三极管ECC99变压器推动300B

变压器推动型 300B 单端功率放大器
岩村保雄
121

2020年11月发表

单支电子管输出功率2.2W！新型入门级放大器

6FM7单端功率放大器

长岛胜

　　电视机及其他视频设备中有很多专用的小型复合电子管，这台放大器是为有效利用这些电子管而诞生的，本文将详细讲解将电视管用作音频管的设计经验。

　　电视机用垂直振荡/垂直偏转专用双三极管6FM7，高放大系数一单元作电压放大，低放大系数二单元作功率放大，单独一支电子管即可构成完整的放大电路。本机电路非常简单且易于制作，输出功率接近2A3单端电路，适用于入门级放大器。

实物配线图

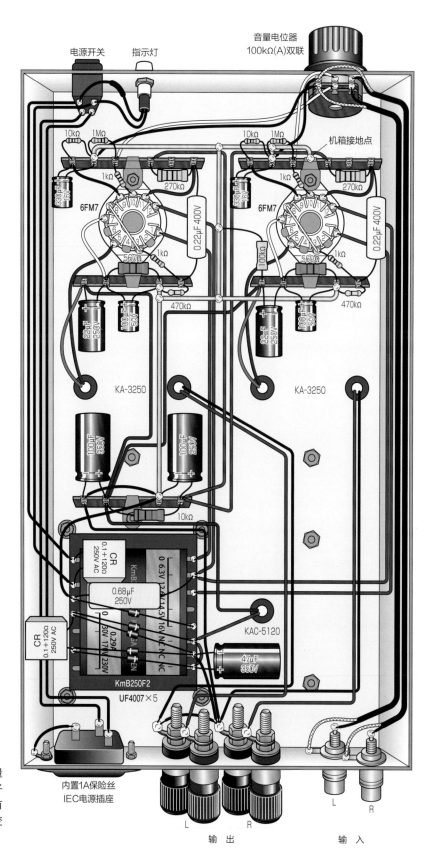

为了使配图简单易懂，音量电位器安装方向、扬声器端子的排列和配线路径与实际略有不同，且省略了不用的输出变压器引线

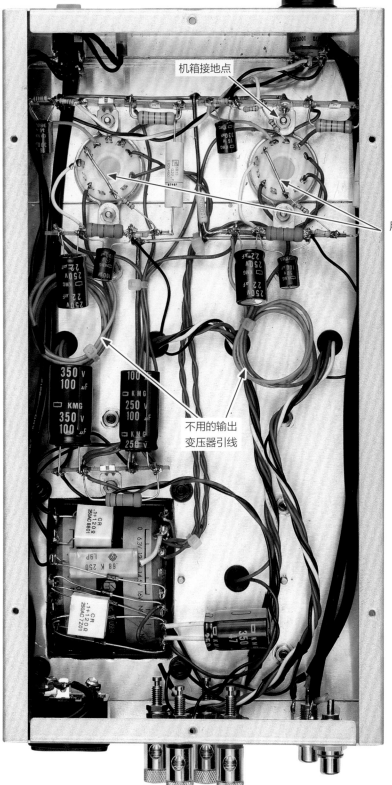

机箱接地点

用粗线连接
以利散热

不用的输出
变压器引线

实际配线请参考该照片。零
件很少，电子管座上方没有零
件和配线，一旦发生配线错误
也容易纠正

3

小型复合管是一种"资源"

小型复合管是电子管时代末期制品，多用于电视机中，目前仍有新品在市场上大量出售。尽管其价格低廉，但很难直接用于音频放大器，必须在设计上费一番工夫。此外，使用小型复合管制作放大器的实例较少，也是笔者选用这类管的原因之一。

笔者反复斟酌 6FM7 输出特性曲线，重新设定偏压抵消失真，还利用输出变压器的特征，获得了输出功率与失真率之间的平衡。输出功率

2.2W 几乎等同于 2A3 单端电路，实用性能颇佳，完全满足家用。

双三极管 6FM7

6FM7 是小 12 脚电子管（图 1），外形比小 9 脚管大一圈，灯丝规格 6.3V/1.05A（图 2）。

通常，双三极管是一支玻璃管内封装两支特性相同的三极管，而专用于垂直振荡 / 垂直偏转的双三极管则是一支玻璃管内封装了两支特性不同的三极管。

本机使用的RCA制6FM7，其他厂家也大量生产该管

RCA制6FM7，依照生产年份不同，结构略有不同。类型和新旧的关系尚不明确

小12脚电子管座，安装孔φ27mm，可内装亦可外装，增加了设计自由度

图1　6FM7的外形

MAXIMUM RATINGS (Cont'd)

DESIGN-MAXIMUM VALUES	Vertical Oscillator Service (Section 1)§	Vertical Deflection Amplifier (Section 2)§	
DC Plate Voltage	350	550	Volts
Peak Positive Pulse Plate Voltage . . .	---	1500	Volts
Peak Negative Grid Voltage.	400	250	Volts
Plate Dissipation.	1.0	10#	Watts
DC Cathode Current	---	50	Milliamperes
Peak Cathode Current.	---	175	Milliamperes
Heater-Cathode Voltage			
Heater Positive with Respect to Cathode			
DC Component	100	100	Volts
Total DC and Peak.	200	200	Volts
Heater Negative with Respect to Cathode			
Total DC and Peak.	200	200	Volts
Grid Circuit Resistance			
With Fixed Bias	1.0	1.0	Megohms
With Cathode Bias	2.2	2.2	Megohms

CHARACTERISTICS AND TYPICAL OPERATION

AVERAGE CHARACTERISTICS	Section 1 (Oscillator)	Section 2 (Amplifier)		
Plate Voltage	250	60	175	Volts
Grid Voltage	-3.0	0#	-25	Volts
Amplification Factor.	66		5.5	
Plate Resistance, approximate.	30000	---	920	Ohms
Transconductance	2200	---	6000	Micromhos
Plate Current	2.0	95	40	Milliamperes
Grid Voltage, approximate				
Ib = 20 Microamperes	-5.3	---	---	Volts
Grid Voltage, approximate				
Ib = 200 Microamperes	---	---	-45	Volts

图2　6FM7主要规格（摘自1963年版GE数据手册）

6FM7 一单元的放大系数为 66，跨导 g_m=2.2mS，屏极耗散功率为 1W，一般用于垂直振荡，在本机电路中用作电压放大，屏极输出特性和工作点如图 3 所示；二单元的放大系数为 5.5，g_m=6mS，内阻为 920Ω，屏极耗散功率为 10W，一般用于显像管垂直偏转线圈驱动，在本机电路中用作功率放大，屏极输出特性和工作点如图 4 所示。与 2A3 相比，二单元除屏极耗散功率略小以外，其余参数基本相同。

显像管垂直偏转线圈由锯齿波驱动，为了向偏转线圈提供线性极佳的电流，需根据偏转线圈

自身特性提供修正过的锯齿波。因此驱动管应有可变放大系数特性，这点类似于利用三极管电路抵消失真。

笔者仔细观察印有 RCA 商标的多支 6FM7 后发现，此款电子管至少有 6 种电极结构。故推测该管似乎有多个代工厂，产量巨大，虽然型号都是 6FM7，但并不完全相同。随即对每种管都进行了试验。根据本机的设计，所有 6FM7 都能达到实用性能，没有万用表的新手也可以放心尝试。

与 6FM7 类似的双三极管有很多种，外形也多种多样，常见管型比较见表 1。另外，还有三极 –

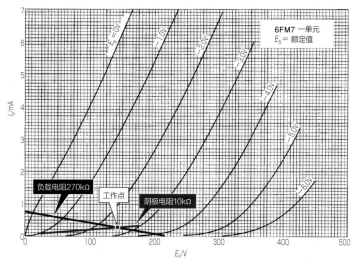

图3　6FM7一单元的屏极输出特性和工作点（根据1963年版GE数据手册绘制）

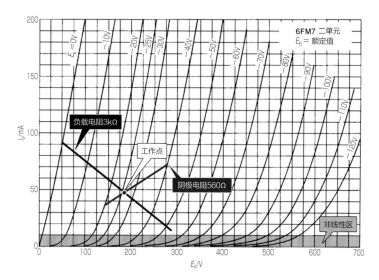

图4　6FM7二单元的屏极输出特性和工作点（根据1963年版GE数据手册绘制）

表1　常见垂直偏转双三极管的比较

参　数		6FM7	6EM7	6GF7	6FD7	6FY7	6DR7	6EW7
灯丝电压 /V		6.3	6.3	6.3	6.3	6.3	6.3	6.3
灯丝电流 /A		1.05	0.9	0.985	0.925	1.05	0.9	0.9
管　座		小 12 脚	大 8 脚	大 9 脚	小 9 脚	小 12 脚	小 9 脚	小 9 脚
二单元	最大屏极电流 /V	550	330	330	330	275	275	330
	屏极耗散功率 /W	10	10	11	10	7	7	10
	屏极内阻 /kΩ	0.9	0.75	0.75	0.8	0.92	0.925	0.8
	跨导 g_m /mS	6	7.2	7.2	7.5	6.5	6.5	7.5
	放大系数 μ	5.5	5.4	5.4	6.0	6.0	6.0	6.0
	屏极电流 /mA	50	50	50	50	50	50	50
一单元	最大屏极电流 /V	350	330	330	330	330	330	330
	屏极耗散功率 /W	1	1.5	1.5	1.5	1	1	1.5
	屏极内阻 /kΩ	30	40	40	40	40.5	40	8.75
	跨导 g_m /mS	2.2	1.6	1.6	1.6	1.6	1.6	2
	放大系数 μ	66	68	64	64	65	68	17.5

五极复合管，音频电路中较为有名的是 6BM8 和 PCL86（6GW8），也可选用。

工作条件探讨

6FM7 二单元用作功率放大。观察其屏极输出特性（图 4）可知，屏极电流曲线下降至 20mA 时开始弯曲，降至 10mA 时弯曲很大，且屏极电压越高，曲线弯曲度越大。因此，单端功率放大电路应尽可能不使用该部分，即降低一些输出功率，以减小失真。推挽电路则不受此限制。

起初，笔者选择了以负反馈降低失真的设计，功率放大级高压电源（B 电源）电压为 250V，负载电阻为 5kΩ，电压放大级屏极电阻为 100kΩ，测量发现电压增益为 22 倍，偏低。随即将电压放大级屏极电阻增大至 270kΩ 以提高增益，引入负反馈降低失真后，灵敏度仍偏低。因此，只能增

大电压放大级的失真，抵消功率放大级的失真。具体措施为，功率放大级负载电阻降低至 3kΩ，降低 B 电源电压至 217V，自偏压电阻为 560Ω 时，自偏压 27V，屏极电流 49mA，耗散功率约 9W（额定 10W），栅极电压达到 0V 削顶之后，功率放大管未截止，避开了非线性区。

电压放大级自偏压电阻 R_k 为 5kΩ、10kΩ、20kΩ 时的整机增益见表 2，输出失真率如图 5 所示。综合考虑到 6FM7 结构多样，个体差异较大，为了让没有万用表的读者也能制作，并获得令人满意的结果，最终确定电压放大级自偏压电阻为 10kΩ。

表2　不同电压放大级自偏压电阻对应的增益
（输出8Ω，1V）

R_k	5kΩ	10kΩ	20kΩ
输入电压	117mV	134mV	162mV
增　益	18.6dB	17.5dB	15.8dB

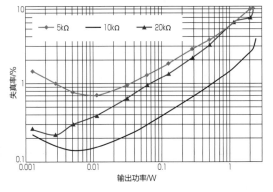

图5　不同电压放大级自偏压电阻对应的输出失真率
（输出8Ω，1V）

电 路

本机电路原理图如图6所示，零件清单见表3。

（1）电压放大级

音量电位器为A型（指数型）100kΩ双联电位器，1MΩ电阻用于防止栅极开路，栅极串联1kΩ电阻防止寄生振荡。

笔者的放大器，大多不在电压放大级使用旁路电容，但本机想要抵消失真，故在阴极增加了旁路电容（330μF/16V）。

耦合电容选用 Vishay 制 MKT1813 系列 0.22μF/400V 型。笔者认为，ASC 的音色比 Vishay 更清晰，MALLORY 制 150 系列应该能打造轻柔音质。请尝试替换不同的零件，打造属于自己的好声音。

（2）功率放大级

依据数据手册，自偏压电路的栅漏电阻最大为2.2MΩ。实际测试发现，栅极反向电流对屏极电流有一些影响，故将栅漏电阻降至470kΩ。与电压放大管相同，功率放大管栅极也串联1kΩ电阻防止寄生振荡。栅极3脚和8脚在内部连接，无需电气连接，但需使用粗铜线连起来散热。自偏压电阻旁路电容为100μF/50V。

阴极与B电源之间增加22μF/250V电解电容，降低残留纹波电压。这是利用阴极与B电源之间的纹波电压相位恰好相反实现的。根据经验，该电容的最佳容量为自偏压电阻旁路电容（100μF）除以放大系数（5.5），100μF/5.5≈18.18μF，取22μF。

（3）电源部分

电源变压器次级增加灭弧器，降低噪声。次

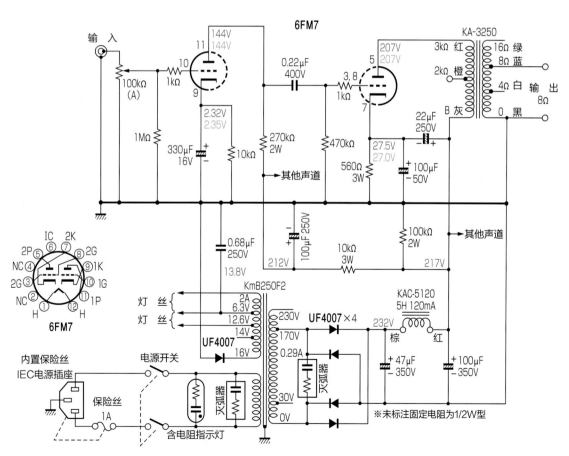

图6　本机电路原理图（省略一个声道）。红字表示右声道或双声道通用，蓝字表示左声道

表3 本机零件清单

零 件	型号/规格	数 量	品 牌	规格说明	供应商（参考）
电子管	6FM7	2	RCA	品牌不限	Classic Components
电子管座	小12脚	2		参考照片	TEC-SOL
电源变压器	KmB250F2	1	春日无线变压器		春日无线变压器
输出变压器	KA-3250	2	春日无线变压器		春日无线变压器
扼流圈	KAC-5120	1	春日无线变压器	5H，120mA	春日无线变压器
硅二极管	UF4007	5	Vishay	品牌不限	Vantec Electronics
电 容	0.22μF 400V	2	Vishay	薄膜型，MKT1813 ERO	海神无线
	100μF 350V	1	日本贵弥功	立式电解，KMG	海神无线
	47μF 350V	1	日本贵弥功	立式电解，KMG	海神无线
	100μF 250V	1	日本贵弥功	立式电解，KMG	海神无线
	22μF 250V	2	日本贵弥功	立式电解，KMG	海神无线
	0.68μF 250V	1	日立MTB	薄膜型，手头闲置品	
	100μF 50V	2	日本贵弥功	立式电解，KMG	海神无线
	330μF 16V	2	日本贵弥功	立式电解，KMG	海神无线
固定电阻	10kΩ 3W	1		金属氧化膜型	海神无线
	560Ω 3W	2		金属氧化膜型	千石电商
	270kΩ 2W	2			
	100kΩ 2W	1		金属氧化膜型	海神无线
	1MΩ 1/2W	2		碳膜型	千石电商
	470kΩ 1/2W	2		碳膜型	千石电商
	10kΩ 1/2W	2		碳膜型	千石电商
	1kΩ 1/2W	4		碳膜型	千石电商
可变电阻	100kΩ（A）双联	1		φ16mm	
旋 钮		1		按喜好	
机 箱	P-212	1	LEAD	150mm×280mm×60mm	SS无线
立式端子架	1L6P	2	佐藤部品	L-590	海神无线
	1L4P	3	佐藤部品	L-590	海神无线
灭弧器	0.1μF+120Ω	2	红宝石		海神无线
指示灯	含电阻指示灯	1			
交流电源插座	IEC	1		内置保险丝	千石电商
保险丝	1A	2	延时熔断型	一根备用	海神无线
电源开关	双 刀	1		手头闲置品	
RCA插座	CP-212	1组	AMTRANS	红，白	海神无线
扬声器端子		2组		红，黑	海神无线

级电压170V，经4支UF4007构成的桥式整流电路后，再经CLC滤波，获得高压电源。输入端滤波电容47μF/350V，扼流圈5H/120mA，输出端滤波电容100μF/350V。高压电源经10kΩ与100μF/250V构成的RC滤波电路后，供电压放大级使用。

6FM7的灯丝规格为6.3V/1.05A，并联后略超过电源变压器灯丝绕组额定电流限制，故左右声道分别配线。

16V抽头，经UF4007半波整流，0.68μF电容滤波后，灯丝对地获得13.7V负压，以降低噪声。

零件配置和组合

该放大器中只有两支较粗的小型电子管，故前排横向配置。较重的电源变压器与扼流圈放在后排。机箱加工尺寸如图7所示，机箱顶部零件配置如图8所示，俯视效果如图9所示。

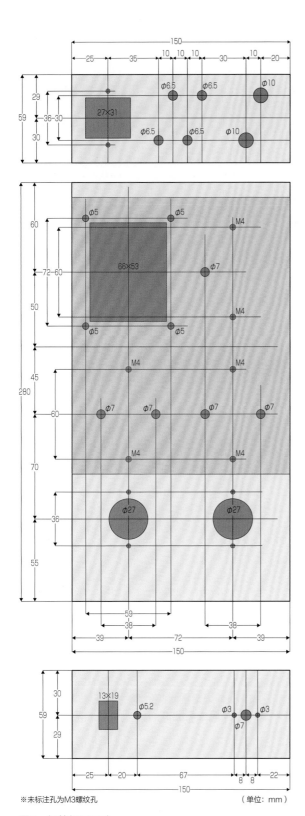

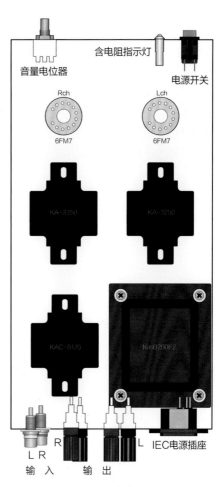

音量电位器　含电阻指示灯　电源开关

Rch　Lch

6FM7　6FM7

KA-3250　KA-3250

KAC-5120　KmB250F2

L R　　　L　IEC电源插座

输　入　输　出

图8　机箱顶部零件配置（机箱上方的透视图）

※未标注孔为M3螺纹孔

（单位：mm）

图7　机箱加工尺寸

图9　俯视照片，输出变压器和扼流圈的形状相同

机箱使用 LEAD 制 P-212 型（150mm×280mm×60mm）。

为防止送去拍照的途中机箱变形，顶板内侧用 1mm 厚铝板进行加固，自用可省略。

为了更加醒目，电子管靠近面板，但这也增加了配线难度。初学者可选用 P-112 型机箱（150mm×300mm×60mm），将电子管向内侧移动 10mm。

电源变压器空端子（标识 NC）可用作端子架，以焊接整流电路。

配 线

元器件一定要字符朝外安装，方便观察。制作时注意这样的细节，有助于后期的修理和改造。此外，信号输入电路与电源电路应分开配置，以防干扰信号串入。

放大器以接地母线为中心进行配线 / 布局。电线也有电阻，越粗的电阻值越低。从降低阻抗的角度来说用粗电线是好事，但配线困难。笔者着眼于用多条配线降低通用阻抗，接地母线使用 ϕ 2mm 铜线，利用端子架与管座配合安装，除地线以外均使用 AWG 24 号线。

相关细节如图 10 ～图 14 所示。

各种特性

如上文所述，在斟酌输出功率与失真率后，笔者决定制作无反馈放大器。

残留噪声见表 4，开路时左声道 1.4mV，右声道 0.64mV；短路时左声道 1.4mV，右声道 0.25mV。

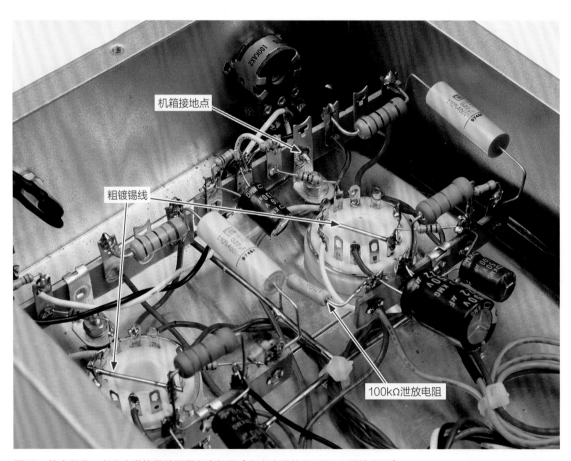

机箱接地点

粗镀锡线

100kΩ泄放电阻

图10　放大部分。左右声道的零件配置完全相同（左右声道共用100kΩ泄放电阻）。
　　　用粗镀锡线连接电子管座的3脚和8脚，为栅极散热

图11　另一个视角的放大部分。用六角铜柱代替螺母固定电子管座，以便安装立式端子架，减轻配线作业负担，方便检查和维护

图12　电源电路（抬起了灭弧器）。利用电源变压器空端子安装二极管等

图13　安全起见，使用双刀电源开关

表4　残留噪声

残留噪声	开路（8Ω）			短路（8Ω）		
	无滤波	400Hz 高通滤波	A 计权	无滤波	400Hz 高通滤波	A 计权
左声道 /mV	1.400	0.056	0.032	1.400	0.046	0.028
右声道 /mV	0.640	0.150	0.082	0.250	0.022	0.006

图14　面板较窄，斜置输入输出端子，方便插头插拔

残留噪声以50Hz交流声为主，如图15所示。左声道噪声较高源自电源变压器的感应，但不影响实用。将机箱改为加长的P-112型，使电源变压器远离输出变压器，可以改善这一问题。

输入输出特性如图16所示。负载电阻8Ω，输出1kHz正弦波，削波临界点4.2V，输出功率2.2W。波形上部削顶，验证了功率放大管未截止。

不同输出电压下的1kHz正弦波失真如图17所示。可见，失真以二次谐波为主。

幅频特性如图18所示，-1dB通频带为16Hz～11kHz，-3dB通频带为10.7Hz～23kHz，低频性能良好。

受电压放大级负载电阻高达270kΩ的影响，

与输出变压器KA-3250带宽的限制，高频截止频率不高，但够用。该机无大环路反馈，不需要相位补偿。

失真率特性如图19所示。不同频率下的失真率曲线趋势一致，最低值是1kHz，输出0.2V时失真率为0.14%。

10kHz方波响应如图20所示。8Ω纯电阻负载时，上升时间稍长，无振铃。8Ω电阻并联电容负载时几乎无变化，故省略。

输出开路时有轻微过冲，振铃很小，如图20（b）所示。输出接纯电容负载时如图20（c）～图20（f）所示，0.047μF时过冲变大，振铃也变大；0.1μF时过冲和振铃更大；0.22μF时过冲最大；0.47μF时振铃为半波。

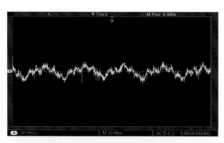

（a）左声道（20mV/div，5ms/div）

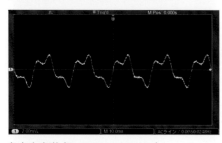

（b）右声道（2mV/div，5ms/div）

图15　残留噪声的波形

（a）1V(输入50mV/div，输出500mV/div，250μs/div)

（b）3V(输入200mV/div，输出500mV/div，250μs/div)

（c）4.2V(输入2V/div，输出500mV/div，250μs/div)

图17　1kHz正弦波和失真成分（8Ω。黄色为输入，蓝色为输出）

图16　输入输出特性（8Ω）

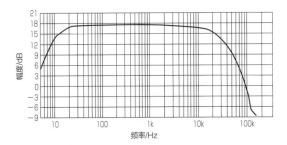

图18 幅频特性（1V，8Ω）

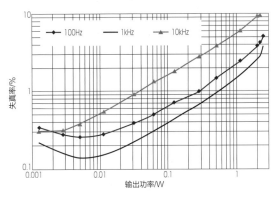

图19 失真率特性（8Ω）

阻尼系数如图 21 所示。-3dB 通频带内，阻尼系数为 2.17 几乎不变。高频段缓慢下降，这应该是输出变压器的漏感导致的。10Hz 以下，随着输出变压器铁心饱和，阻尼系数急剧增大。

通常输出变压器越大，初级圈数越多，变压器低频截止频率越低，但漏感会越大，故无反馈单端放大器不宜选用较大的输出变压器。

左右声道分离度实测结果如图 22 所示。

整机电流为 0.41A，耗散功率 34W，选用延时熔断型保险丝 T1A。

测量仪器如下。

· 数字万用表：三和 PC500
· 毫伏表：TRIO VT-121
· 模拟示波器：日立 V-552
· 数字示波器：泰克 TBS1052B
· 音频分析仪：松下 VP-7720A

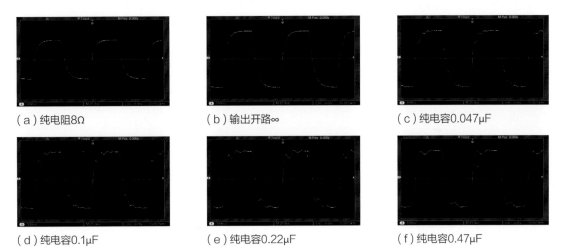

（a）纯电阻8Ω　　　　　（b）输出开路∞　　　　　（c）纯电容0.047µF

（d）纯电容0.1µF　　　　（e）纯电容0.22µF　　　　（f）纯电容0.47µF

图20 10kHz方波响应（只有输出。500mV/div，25µs/div）

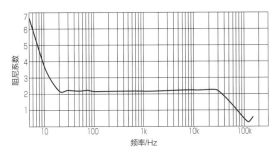

图21 阻尼系数（8Ω）

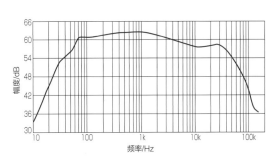

图22 声道分离度（8Ω）

试　听

最终成品外观如图 23 和图 24 所示。

参照放大器是宽频 22JR6 超线性推挽放大器

（刊载于《MJ 无线和实验》2020 年 1 月刊）。

试听约尔格·德穆斯演奏的钢琴曲《月光》（德彪西作曲），高频增添了光泽感。

图23　外观独特的小型复合管安装在机箱前面。体型虽小，输出功率却有2.2W，不仅可以作为入门级放大器，还适合作为播放背景音乐的放大器

图24　背板。通过斜置输入输出端子有效利用了狭窄的面板。内置保险丝的IEC电源插座也有利于小型化

 知 识 延 伸

替换变压器可以提升特性

　　本机若不增加电压放大级增益，几乎没有施加负反馈的余地。因此，可以考虑使用不同品牌的变压器，增加多样性。

　　电源变压器可替换为 GENERAL TRANS 制 PMC-130M 型。安装尺寸相同，成本也差不多。但 B 电源电压会增加 13V，输出功率提高至 2.4W。

　　想节省成本时，可以替换为东荣变成器制 PT-10N 型。此变压器灯丝绕组为 1A，对 6FM7 来说略

小，但尚未超出 5% 的范围，没有关系。高压绕组为 160V，输出功率可能低于 2W。不过其外形尺寸较小，需要修改机箱的加工尺寸。

　　替换输出变压器，考虑使用机箱中能安装的最大尺寸变压器——GENERAL TRANS 制 PMF-15WS 型，尽管会提高成本，但能提高效率（索性加大机箱，使其远离电源变压器）。

长岛胜

2020年8月发表

单支电子管输出功率达2.6W

ECL805单端功率放大器

长岛胜

　　小 9 脚 ECL805（ECL85/6GV8）为三极－束射四极复合管，单管即可完成电压放大与功率放大。本机为减少零件，使用晶体管整流，不使用扼流圈，材料费只需 3 万日元。成品小巧，输出功率约 2.6W。

实物配线图

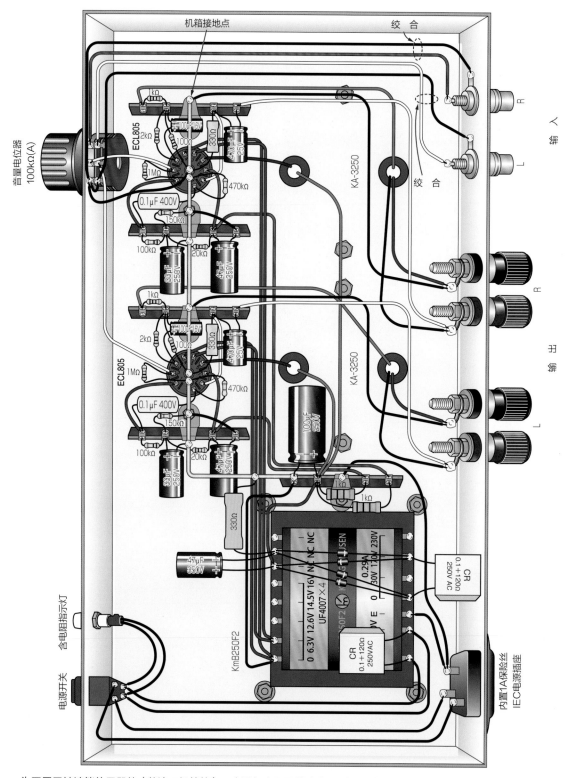

为了展示被遮挡的元器件（整流二极管等），本图与实际配线略有区别，并省略了不用的输出变压器引线

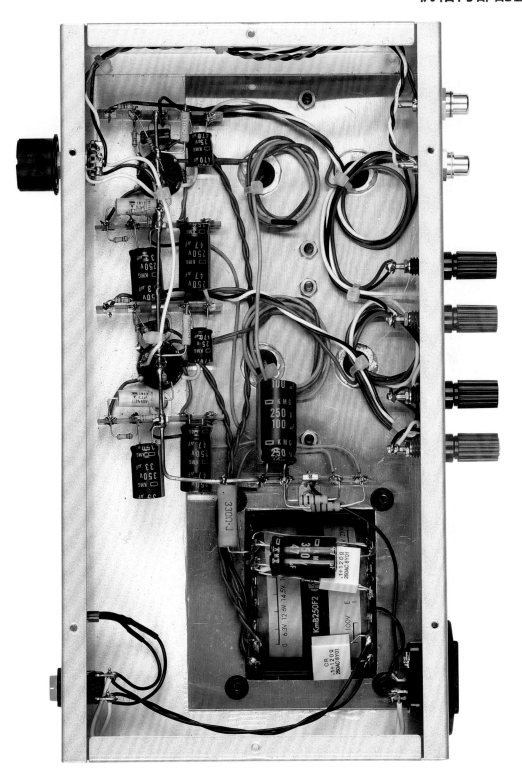

零件少，布局上游刃有余，左右声道完全相同，制作和检查都很简单。为防止送去拍照的途中机箱变形，内部使用铝板加固，普通家用无须加固

一个声道，一支电子管

自制放大器第一次发出声音带来的成就感，以及对自制放大器的喜爱，并不取决于放大器的大小。电子管少的小型放大器，电路简单，自重小，费用也不高，适合初学者制作。这台单端功率放大器的设计和制作，与前文介绍的 ECL805 单端功率放大器相同，均以尽可能少用电子管为目的。

以往由单支电子管制作的功率放大器以使用五极管制作的压电唱头放大器为典型，笔者在初中时代曾制作过使用 50EH5 电子管的唱头放大器。如今则普遍使用小 9 脚三极－五极复合管。这类管常见的有 6BM8/ECL82 系列、6GW8/ECL86 系列，日本多使用 14GW8/PCL86，笔者是在物色 6.3V 复合管时找到 ECL805 的。

本机选用特斯拉制 ECL805，也可以使用 ECL85，两者基本相同。读者可以参照表 1 选用合适的电子管。

功率放大级

（1）ECL85 和 ECL805

ECL805（图 1 和图 2）和 ECL85 设计为电视机显像管垂直振荡、功率放大用管，两者区别很小，不同厂家的数据略有不同（表 2），但可视为同等管。

ECL85 和 ECL805 的灯丝电流都为 875mA，但某些品牌为 900mA。三极管放大系数为 60，跨导 g_m 为 5.5mS。

ECL805 在任何厂家的数据手册中都记述为三极－五极复合管，但本机使用的特斯拉制 ECL805 的五极管单元没有抑制栅极支柱，却有

表1 可用于功率放大器制作的三极-五极复合管（灯丝电压均为6.3V）

欧洲型号	美国型号	灯丝电流 /A	五极管单元屏极耗散功率 /W	三极管单元放大系数
ECL80	6AB8	0.3	3.5	20
ECL81	—	0.6	6.5	55
ECL82	6BM8	0.78	7	70
ECL83	—	0.6	5.4	85
ECL84	6DX8	0.72	4	65
ECL805		0.9	8	60
ECL85	6GV8	0.9	7	50
ECL86	6GW8	0.7	9	100

表2 ECL85和ECL805区别（根据CIFTE/Mazda-Belvu数据手册制表）

参 数		ECL85		ECL805	
		三极管单元	五极管单元	三极管单元	五极管单元
灯丝电压 E_h/V		6.3		6.3	
灯丝电流 I_h/mA		875		875	
最大屏极电压 E_{pmax}/V		550	550	550	550
屏极电压 E_p/V		250	250	250	300
最大屏极耗散功率 P_{pmax}/W		0.5	7	0.5	8
帘栅极电压 E_{g2}/V		—	250	—	250
帘栅极耗散功率 P_{g2}/W		—	1.5	—	1.5
阴极电流 I_k/mA		15	75	15	75
阴极电阻 R_k/MΩ	自偏压	3.3	2.2	3.3	2.2
	固定偏压	1	1	1	1
放大系数 μ		60	—	60	—
跨导 g_m/mS		5.5	7.5	5.5	7.5
灯丝－阴极耐压 E_{h-k}/V		100	100	200	200

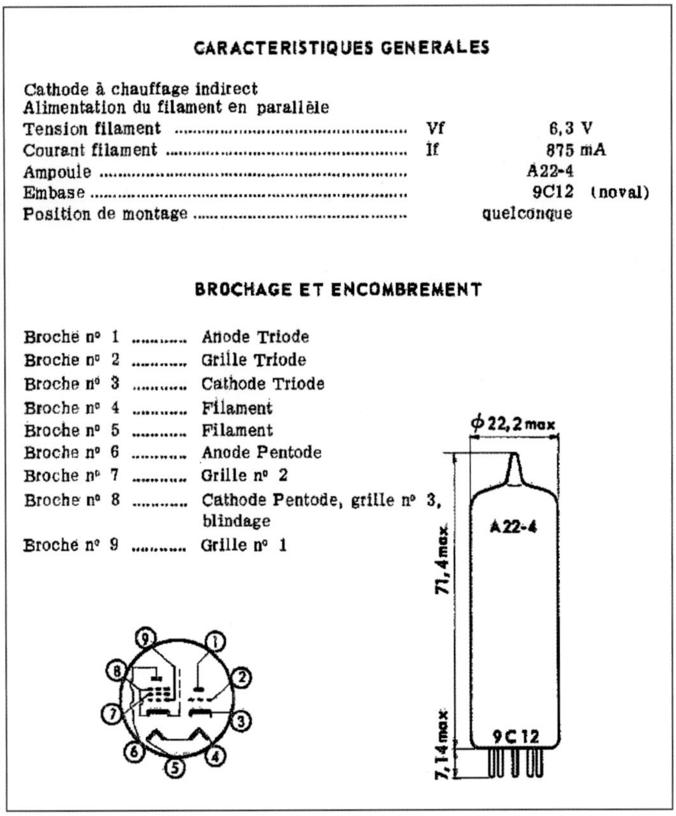

图1 ECL805的规格（摘自CIFTE/Mazda-Belvu数据手册）

图2 本机使用的特斯拉制ECL805。
　　Ei Elites和德律风根也生产该
　　管。GE、飞利浦和RCA等也
　　在生产ECL85/6GV8

束射屏极(图3)，因此本文将ECL805视为三极－束射四极复合管。

（2）负载线和工作条件

　　五极管6L6的屏极输出特性曲线如图4所示，ECL82五极管单元的屏极输出特性曲线如图5所示。比较两种经典管的负载线会发现，6L6的线性区间可达0V，ECL82的线性区间在-6V左右。

　　ECL805与ECL82相比，输出特性曲线类似，选定帘栅压170V，负载阻抗3kΩ，栅压-14V左右较为合理（图6）。

　　结合电源变压器与输出变压器的参数，确定栅压-15V，屏压190V，屏流41mA，帘栅流2.7mA。自偏压电阻计算值为343Ω，取330Ω。

　　实际栅压在-7～-23V变化时，对应屏极电压40～300V，屏极电流95～3mA，理论输出功率3W。

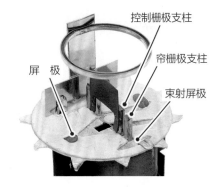

控制栅极支柱
帘栅极支柱
屏 极
束射屏极

图3 特斯拉制ECL805内部实际为束射四极管结构

变压器

（1）输出变压器

　　输出变压器为春日无线变压器制KA-3250，初级电感7H。实测数据见表3。

　　也可以选GENERAL TRANS制PMF-15WS型。

（2）电源变压器

　　电源变压器为同品牌KmB250F2型，高压绕组额定直流电流180mA，本机只需100mA，裕量较大。

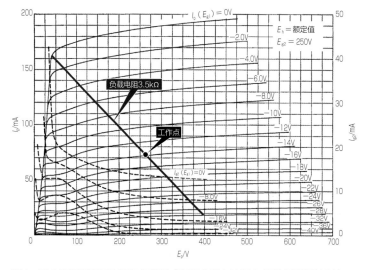

图4　6L6的屏极输出特性和负载线（根据GE的1959年版数据手册绘制）

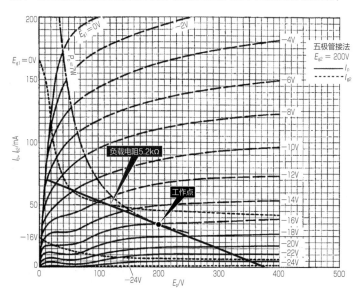

图5　ECL82五极管单元的屏极输出特性和负载线（根据飞利浦ECL82的1956年版数据手册绘制）

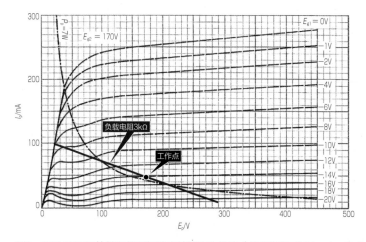

图6　ECL85五极管单元的屏极输出特性和负载线（根据CIFTE/Mazda-Belvu的数据手册绘制）

表3　输出变压器KA-3250的实测结果

初级绕组			次级绕组			匝数比	初级等效阻抗	效　率
端　子	压　降	电　阻	端　子	压　降	电　阻			
3kΩ（红）	3.00V	176.00Ω	16Ω（绿）	0.230V	1.15Ω	13.0：2722	3094Ω	87.9%
2kΩ（橙）	2.43V	143.00Ω	8Ω（蓝）	0.162V	0.85Ω	18.5：2743	3211Ω	85.5%
B（灰）	0.00V	0.00Ω	4Ω（白）	0.115V	0.60Ω	26.1：2722	3130Ω	86.9%
			0Ω（黑）	0.000V	0.00Ω	0		

　　也可根据喜好使用其他厂家的电源变压器，见表4。使用替代电源变压器时，滤波电阻也要对应替换。

表4　本机可以使用的电源变压器

品　牌	型　号	滤波电阻	备　注
春日无线变压器	KmB250F2	330Ω/5W	也可用于 PCL85
GENERAL TRANS	PMC-130M	510Ω/10W	
GENERAL TRANS	PMC-190M	510Ω/10W	
东荣变成器	PT-10N	270Ω/5W	

电　路

　　本机电路原理图如图7所示，主要零件见表5。

（1）电压放大级

　　音频信号经音量电位器输入至ECL805 三极管栅极。用 1MΩ 电阻防止栅极开路。本机为了减少零件及简化配线，栅极未串联防止寄生振荡的电阻。

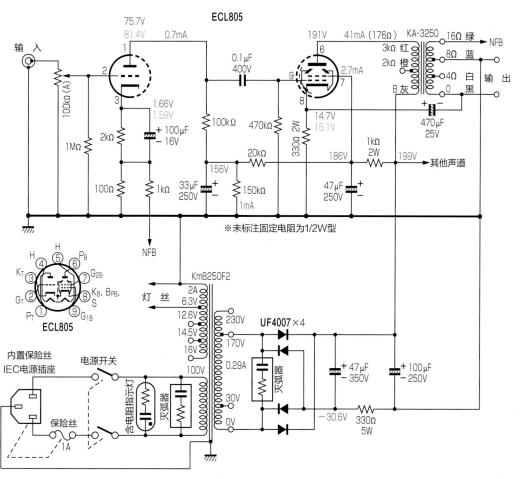

图7　本机电路原理图（省略一个声道）。红字表示右声道或双声道通用，蓝字表示左声道

表5　本机的主要零件清单

零　件	型号／规格		数　量	品　牌	规格说明	供应商（参考）
电子管	ECL805		1 对	特斯拉	品牌不限	春日无线变压器
电子管座	小 9 脚		2	QQQ	参考照片	海神无线
二极管	UF4007		4	Vishay		千石电商
输出变压器	KA-3250		2	春日无线变压器		春日无线变压器
电源变压器	KmB250F2		1	春日无线变压器		春日无线变压器
电　容	0.1μF	400V	2	Vishay	薄膜型，MKT1813	海神无线
	47μF	350V	1	日本贵弥功	立式电解，KMG	海神无线
	100μF	250V	1	日本贵弥功	立式电解，KMG	海神无线
	47μF	250V	2	日本贵弥功	立式电解，KMG	海神无线
	33μF	250V	2	日本贵弥功	立式电解，KMG	海神无线
	470μF	25V	2	日本贵弥功	立式电解，KMG	海神无线
	100μF	16V	2	日本贵弥功	立式电解，KMG	海神无线
固定电阻	330Ω	5W	1		金属氧化膜型	海神无线
	1kΩ	2W	2		金属氧化膜型	海神无线
	330Ω	2W	2		金属氧化膜型	海神无线
	1MΩ	1/2W	2		碳膜型	千石电商
	470kΩ	1/2W	2		碳膜型	千石电商
	150kΩ	1/2W	2		碳膜型	千石电商
	100kΩ	1/2W	2		碳膜型	千石电商
	20kΩ	1/2W	2		碳膜型	千石电商
	2kΩ	1/2W	2		碳膜型	千石电商
	1kΩ	1/2W	2		碳膜型	千石电商
	100Ω	1/2W	2		碳膜型	千石电商
可变电阻	100kΩ（A）双联		1	ALPS ALPINE	RK16312	
旋　钮	B-20		1		外径 20mm	
机　箱	P-212		1	LEAD		SS 无线
铝　板	250 mm × 150mm（厚 1mm）		1			SS 无线
立式端子架	1L4P		5	佐藤部品	L-590	海神无线
灭弧器			2	红宝石		海神无线
指示灯	含电阻指示灯		1			
交流电源插座	IEC		1		内置保险丝	千石电商
保险丝	1A（延时熔断型）		2	延时熔断型	一根备用	千石电商
电源开关			1		手头闲置品	
RCA插座			1 组		红白各一	海神无线
扬声器端子			2 组		红黑各一	海神无线

自偏压电阻由 2kΩ 串联 100Ω 电阻构成，2kΩ 电阻并联 100μF/16V 旁路电容。

电压放大级电源电压 150V，屏极负载电阻 100kΩ。耦合电容为 Vishay 制 MKT1813。耦合电容对听感影响较大，可多加尝试，选择自己喜欢的声音。

（2）功率放大级

自偏压电阻如上文所述为 330Ω、2W 型，栅漏电阻 470kΩ。

输出变压器次级 8Ω 端接地，负反馈信号自 0Ω 端引入。负反馈信号经过 470μF 电容施加到自偏压电阻，反馈量（环路增益）约 6dB。与偏压电阻连接输出变压器供电施加负反馈的方法相比，此举可改善变压器直流偏磁现象。

大环路负反馈自输出变压器的 16Ω 端子引入，反馈信号经 1kΩ 电阻施加至电压放大级 100Ω 电阻，反馈量约 4dB。

（3）电源电路

4 支 UF4007 构成桥式整流电路。灭弧器用于降低换流噪声，也可以采取二极管两端并联小容量电容的方法，但配线过多。

47μF 电容、330Ω 电阻、100μF 电容构成 ∏ 形滤波电路。电阻连接在负极电路，电气原理上与连接正极相同，配线简单。

滤波电阻按功率放大管屏极电压计算应为 390Ω 左右，但是 5W 电阻只有 E6 系列，故选择 330Ω。

左右声道帘栅极电源分别通过 1kΩ 电阻和 47μF 电容滤波，这样可提高声道分离度。同理，电压放大级电源也分别通过 20kΩ 电阻和 33μF 电容滤波。150kΩ 电阻是泄放电阻。

电源变压器灯丝绕组 0V 端接地，若有需要可在这里施加灯丝偏压，以进一步降低噪声。

机箱

机箱选用 LEAD 制 P-212 型，铝制，无孔，有底盖。机箱表面零件配置如图 8～图 10 所示，机箱加工尺寸如图 11 所示。

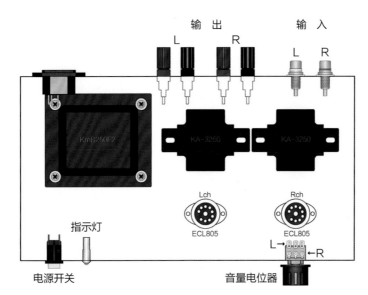

图8　机箱上方的零件配置（顶视图）

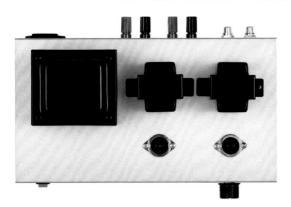

图9　机箱顶面零件配置简单，尽量不安装多余的零件

图10　机箱后面板搭配协调，是标准的电子管放大器设计

23

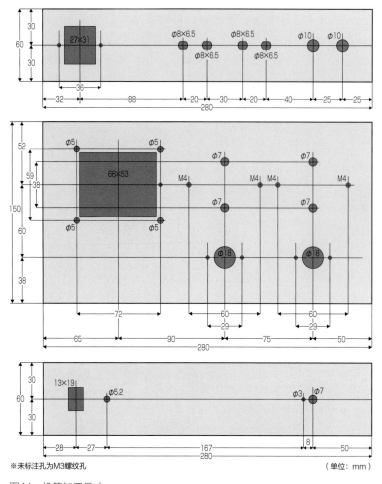

图11　机箱加工尺寸

※未标注孔为M3螺纹孔　　　　　　　　　　　　（单位：mm）

　　机箱内部照片如图 12 ~ 图 14 所示，可见并不拥挤，选用薄一些的机箱可能更方便配线。

各种特性

　　残留噪声见表 6，开路时右声道 0.47mV，左声道 0.38mV；短路时左右声道均为 0.36mV。残留噪声以 50Hz 的交流声为主，无须施加灯丝偏压。

　　输入输出特性如图 15 所示。整机电压增益 19.3dB（负载 8Ω），按输出 3W 计算输入灵敏度 0.53V。

　　信号频率 1kHz 削波点输出电压 4.6V，对应输出功率 2.6W，与计算值 3W 基本一致。

　　信 号 频 率 1kHz 输 出 1V，1dB 通 频 带 14.4Hz ~ 13.4kHz，3dB 通频带 9Hz ~ 36kHz，

如图 16 所示。可见，KA-3250 型输出变压器幅频特性的低频端较好，高频端幅度衰减较快。以前使用此款输出变压器制作的其他放大器也有相同倾向。

　　失真率特性如图 17 所示。最低值在信号频率 10kHz、输出 0.5V 时为 0.12%。高频效果较好，应该是由于电压放大级的高频特性比功率放大级更好。

　　由图 17 可知，频率越低，失真越大，这应该是输出变压器初级电感偏低所致。选用内阻较低的三极管作为功率放大管，可改善这一指标。结合幅频特性，笔者认为 KA-3250 型输出变压器与 2A3 搭配使用，效果较好。

　　在削波临界点（4.6V），波形上部削顶，下部圆滑，失真以二次谐波为主，如图 18 所示。

放大部分，利用端子架和电子管座中心脚架接地线，阻容件沿接地线安装

机箱接地点

图12　输入输出端子的配线，地线（0V）端子要与机箱绝缘，否则会产生噪声

图13　放大部分略显拥挤，不过以管座为中心安装阻容件并不困难

表6　残留噪声

残留噪声	开路（8Ω）			短路（8Ω）		
	无滤波	400Hz 高通滤波	A 计权	无滤波	400Hz 高通滤波	A 计权
左声道 /mV	0.380	0.075	0.020	0.360	0.034	0.006
右声道 /mV	0.470	0.100	0.038	0.360	0.032	0.012

用绝缘套管
绝缘

图14　元器件引线距离过近时，要有绝缘措施，避免搭接

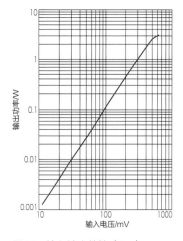

图15　输入输出特性（8Ω）

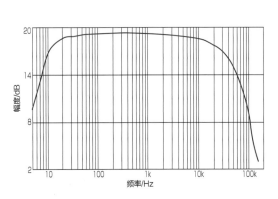

图16　幅频特性（8Ω，1V）

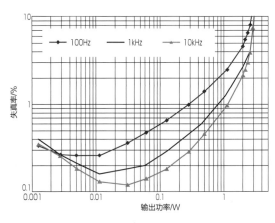

图17　失真率特性（8Ω）

（a）1V（输入500mV/div，
输出500mV/div，250μs/div）

（b）4.4V（输入2V/div，
输出500mV/div，250μs/div）

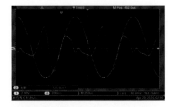

（c）4.6V（输入2V/div，
输出200mV/div，250μs/div）

图18　1kHz的正弦波和失真成分（8Ω。黄色为输入，蓝色为输出）

　　10kHz 方波响应如图 19、图 20 所示。纯电阻负载时如图 19（a）所示，上升沿较缓、轻微振铃。并联电容为 0.047μF 时振铃减小，为 0.1μF 时几乎看不到振铃。并联电容为 0.22μF 和 0.47μF 时，上升沿波形较差。

　　空载时如图 20（a）所示，有轻微过冲，随后出现一波振铃。纯电容负载为 0.047μF 时，过

冲和振铃都变大；0.1μF 时，二者都很大；0.22μF 时，过冲最大；0.47μF 时，振铃为半波。

　　由图 20 可知，本机相位偏移较低，无相位补偿也不会自激。

　　阻尼系数如图 21 所示，在 1kHz 时为 2.5；10Hz 时最大，为 3.5；从 10kHz 开始，缓慢下降。

　　左右声道分离度测量结果如图 22 所示。

（a）仅8Ω

（b）8Ω//0.047μF

（c）8Ω//0.1μF

（d）8Ω//0.22μF

（e）8Ω//0.47μF

图19　容性负载10kHz方波响应（输出500mV/div，250μs/div）

（a）空载

（b）0.047μF

（c）0.1μF

（d）0.22μF

（e）0.47μF

图20　纯电容负载10kHz方波响应（输出500mV/div，25μs/div）

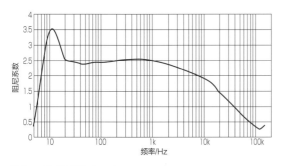

图21　阻尼系数（8Ω）

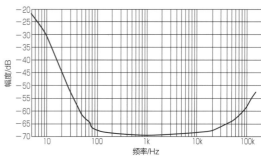

图22　声道分离度（8Ω）

整机电流为 0.41A，功耗 34W，考虑到电源变压器励磁涌流的影响，需使用延时熔断型保险丝。

测量仪有松下 VP-7720A（音频分析仪）、

Tektronix TBS1052B（数字示波器）、日立V-552（示波器）、三和 PC500（数字万用表）、TRIO VT-121（毫伏表）等。

试 听

最终成品外观如图23所示。

根据幅频特性（图16），本机高频特性似乎并不太好，但与22JR6超线性推挽功率放大器比较，试听交响乐没有任何不适（22JR6超线性推挽功率放大器发表于《MJ无线与实验》2020年1月刊）。

图23 外观小巧，功率适当，适合放在桌上或床边使用

知 识 延 伸

增加扼流圈和负反馈

为了节约成本，本机未使用扼流圈。若想进一步减小噪声，可增加KAC-210或4B01A型扼流圈（均为春日无线变压器制）。使用扼流圈时，需将330Ω/5W电阻替换为220Ω/3W电阻。

通常，单端放大器的阻尼系数随着频率降低而上升，但本机的阻尼系数（图21）从10Hz开始降低，这应该是功率放大级只有交流反馈的影响（频率降低，容抗变大）。若想改善这个特性，可在功率放大级反馈电容两端并联合适的电阻（自偏压电阻为该电阻和阴极反馈电阻的并联值），这样可适当兼顾低频反馈与变压器直流偏磁，请务必尝试一下。

长岛胜

2019年10月发表

输出6.5W，阻尼系数2.75，让人跃跃欲试的无大环路反馈放大器

EL34三极管接法单端功率放大器

岩村保雄

　　本机为 EL34 三极管接法无大环路反馈单端放大器，兼顾外观，值得一试。电压放大管采用俄制双三极管 6N1P，输出变压器为春日无线变压器制 KA-6625ST，输出功率约 6.5W，阻尼系数为 2.75，−3dB 通频带为 8Hz ~ 55kHz，小功率失真率低至 0.1%。选用 TAKACHI 电机工业制铝型材机箱，即使不喷漆也充满高级感。

实物配线图

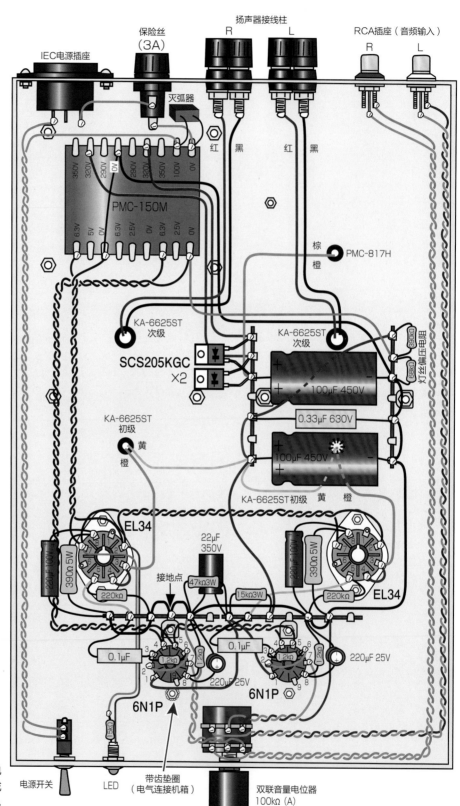

为方便读者辨认，RCA插座至音量电位器之间的配线画成了橙色，实际是白色

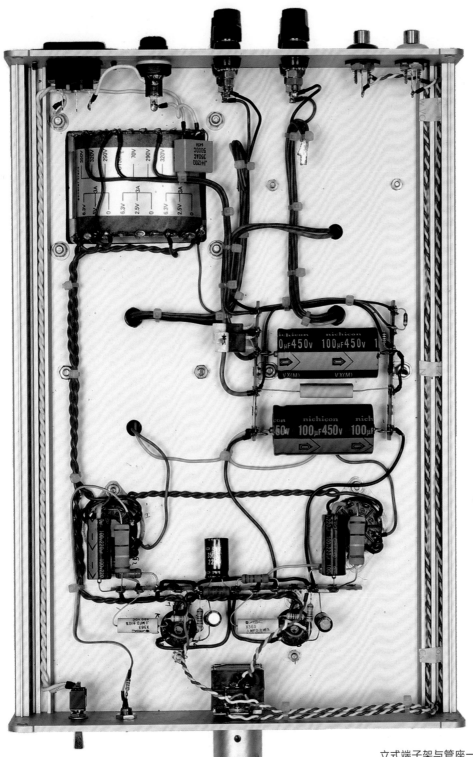

立式端子架与管座一起用螺钉固定,
音量电位器和电源开关的导线绞合后沿
机箱边缘的凹槽走线

让人跃跃欲试的放大器

2019 年秋季的"电子管音频节"开展了放大器制作大赛，要求使用春日无线变压器制 KA-6625ST 型输出变压器，且成本低于 6 万日元。这项传统活动不仅挑战了各位放大器发明家在同一条件下的制作风格，也激发了人们制作放大器的欲望。

KA-6625ST 型输出变压器，最大输出功率为 10W，特点是初级电感较大，效率偏低，幅频特性好。根据数据手册，EL34 三极管接法单端放大器的最大输出功率约为 6W，裕量适当。

关于负反馈，原本的目的是在尽可能提升开环特性的基础上改善某些特性。但是，负反馈好像魔法一般，就算放大器开环特性并不好，引入大环路负反馈后，即使 6dB 的反馈量（环路增益）也可以将其掩盖。过去大家普遍喜欢深度负反馈放大器，反馈量在 20dB 左右，现在反而极端地转向无反馈放大器，最近流行 6 ~ 10dB 反馈量的放大器。笔者并非排斥大环路负反馈，必要时也会积极探讨使用，只是尽量少用。此外，常见功率放大管除了 300B，几乎没有能同时满足输出功率、阻尼系数和失真率要求的型号，故需要引入负反馈补偿。

针对 EL34 三极管接法，可以提高负载阻抗，即通过适当牺牲输出功率的方法，在不使用负反馈的条件下得到良好的特性。

电压放大级 / 推动级采用俄制双三极管 6N1P（6H1Π-EB），两只三极管构成 SRPP（shunt regulated push-pull，并联调整推挽）放大电路，具有输出阻抗低、失真小的优点。

6N1P 可视为加大功率版 ECC88（ECC88 的俄制同等管是 6N23P）。使用的电子管如图 1 所示。

受成本限制，爱好者通常不舍得把钱花在机箱上，以致放大器外观欠佳。这样很难让人生出喜爱之情，也难以得到身边人的夸赞。本机选用 TAKACHI 电机工业制 EX 系列铝型材机箱，即使不喷漆也高级感十足。

电路设计

本机电路简单，零件较少，无须额外调试即可完成制作。主要电参数见表 1。

（1）功率放大级

EL34 三极管接法 [以下简称 EL34（T）]，飞利浦数据手册推荐的负载阻抗典型应用值为 3kΩ，若将 KA-6625ST 型输出变压器次级绕组 6Ω 端作 8Ω 端使用，则初级等效负载电阻为 3.3kΩ，与典型应用接近。据此计算得最大输出功率约 6W，阻尼系数 1.9 略小，需要引入负反馈提高阻尼系数。这与设计初衷相悖。

为了确定合适的负载阻抗，采用改变次级负载阻抗（4 ~ 16Ω），等效改变输出变压器初级阻抗（1.65 ~ 6.6kΩ）的方法，测得 EL34（T）负载特性如图 2 所示。

由图 2 可知，EL34（T）负载阻抗在 3.5 ~ 6kΩ 时输出功率最大，约 6.5W。根据 KA-6625ST 型输出变压器接线图，4Ω 端作 8Ω 端使用，初级等效阻抗为 5kΩ。同时，这也与三极管负载阻抗越大，失真率越低的特性相一致。

按典型应用，在 EL34（T）屏极输出特性上

图1　左6N1P（Svetlana），右EL34（Electro-Harmonix）

表1　EL34三极管接法、6N1P、ECC88的额定值和典型应用值

参　数			EL34（T）	6N1P/6H 1П-EB	ECC88/6DJ8
灯丝电压 E_h/V			6.3	6.3	6.3
灯丝电流 I_h/A			1.5	0.6	0.365
最大值	屏极电压 E_p/V		600	250	130
	阴极电流 I_k/mA		150	20	25
	屏极耗散功率 (P_p+P_{g2})/W		30, 15（E_p=600V）	2.2	1.8
	灯丝 – 阴极耐压 E_{h-k}/V		—	± 100	−130, +50
特　性	放大系数		10.5	33	33
	屏极电阻 r_p/Ω		910	4.4k	2.64k
	跨导 /mS		11.5	7.5	12.5
	屏极电压 E_p/V		250	200	90
	屏极电流 I_p/mA		70	10	15
	栅极电压 E_g/V		−15.5	−2	−1.3
典型应用值（甲类单端）	屏极电压 E_p/V		375		
	屏极电流 I_p/mA		70		
	阴极阻抗 R_k/Ω		370		
	负载电阻 R_L/kΩ		3		
	最大输出功率 P_o（失真率8%）/W		6		
数据来源			飞利浦	Svetlana	飞利浦

设工作点为屏极电压375V，屏极电流70mA，负载线5kΩ，如图3所示。

由图3可知，栅极偏压 E_g=−27V，自偏压电阻为27V/70mA ≈ 386Ω ≈ 390Ω（E24系列）。

理论输出功率计算（栅负压方向在图3所示范围以外，故仅计算正方向，忽略输出变压器效率）：由直流工作点至A点（E_g=0V），屏极电压变化 ΔV_{p-p}=247V，屏极电流变化 ΔI_{p-p}=50mA，输出功率 =（247×0.05）/2 ≈ 6.18（W）。结果与图2一致。

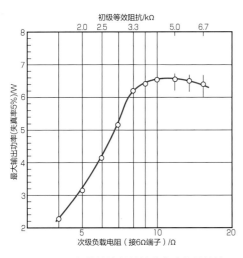

图2　EL34三极管接法单端放大电路负载特性

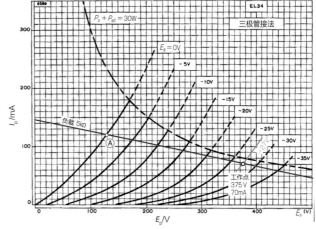

图3　EL34三极管接法的屏极输出特性，添加了工作点和5kΩ负载线

用示波器观察输出端的失真波形，如图 4 所示。上端是电子管截止时产生的失真，下端是电子管饱和时产生的失真，它们几乎同时发生，因此判断工作点适宜。

按 EL34（T）典型应用值计算，EL34（T）内阻约 1kΩ；KA-6625ST 型输出变压器初级内阻为 191Ω，等效次级内阻为（1kΩ+191Ω）×（8Ω/5kΩ）≈ 1.91Ω，次级内阻 0.67Ω，内阻合计 1.91Ω+0.67Ω=2.58Ω。扬声器阻抗 8Ω，计算得阻尼系数为 8/2.58 ≈ 3.10，实测 2.75，设计目的达成（负载阻抗 3.3kΩ 时，计算得阻尼系数为 2.15，实测 1.90）。

（2）电压放大级

如上所述，双三极管 6N1P 构成了 SRPP 电路，自偏压电阻为 1.2kΩ，旁路电容为 220μF/25V。

旁路电容可"短接"交流信号，即在不影响放大电路静态工作点的同时改善交流放大特性，主要有以下三个作用。

① 提高电压增益。使电压增益约等于三极管放大系数（自偏压电阻对交直流均有负反馈作用）。

② 减小低频失真。当信号频率较低时，信号电压会引起静态工作点偏移，即放大器输出的直流偏移量增大，从而形成信号失真。大小合适的旁路电容，可以有效改善这一问题。

③ 减小噪声。电子管工作时，其本身相当于噪声源，旁路电容可以减小这一噪声。

在 SRPP 电路中，上管阴极电压约为电源电压的 1/2，本机为 128V，超过了 6N1P 灯丝－阴极耐压 100V。因此，必须增加灯丝偏压 58V，使上下管灯丝－阴极电压均不超过耐压。

（3）电源电路

PMC-150M 型电源变压器为双高压绕组设计。双电流 320V 经二极管全波整流后，由电容－扼流圈－电容构成的 Π 形电路滤波，获得约

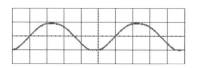

图4　失真波形。上端是截止失真，下端是饱和失真

400V 高压直流电源。再经一阶阻容滤波后，向电压放大电路提供低纹波电源。47kΩ 电阻为泄放电阻。为了降低高频区的电源内阻，在 Π 形滤波电路后端电解电容上并联 0.33μF 薄膜电容。

综上，电路原理图如图 5 所示。

选择元器件

EL34 是很受欢迎的功率放大管，有许多品牌在售。本机考虑购买方便和价格问题，选择了 Electro-Harmonix 的产品。也可以购买更高价格的产品，感受声音的不同。

根据比赛要求，输出变压器使用春日无线变压器制 KA-6625ST 型，额定功率 10W；次级绕组有多个抽头，可与初级组合使用。本机使用 4Ω 端子与初级组合成 5kΩ/8Ω 使用。

笔者实测了幅频特性和阻抗特性，幅频特性稳定，按 5kΩ/8Ω 组合计算效率约为 88%，满足单端放大电路的要求，如图 6 所示。

电源变压器使用 GENERAL TRANS 制 PMC-150M。PMC-150M 高压绕组为 350V—320V—290V/150mA，灯丝绕组为 6.3V—2.5V/3A 两组、6.3V—5V/3A 一组，适合中等功率放大器使用。

扼流圈选 GENERAL TRANS 制 PMC-817H（8H/170mA，96Ω），外观与输出变压器比较协调。

高压电源使用没有换向噪声的 SCS205KGC 型碳化硅二极管（1200V/5A）整流（全波整流电路中使用的二极管反向耐压必须是绕组电压的 3 倍）。

100μF/450V 高压滤波电容选用日本尼吉康 TVX 型，0.1μF/400V 耦合电容选用 ASC X363 系列。

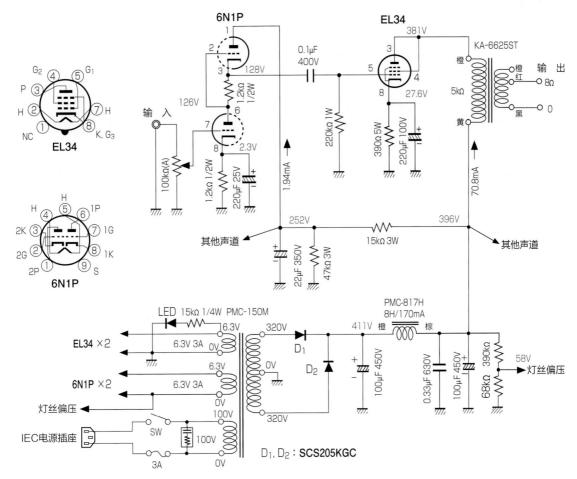

图5 本机电路原理图（省略一个声道）

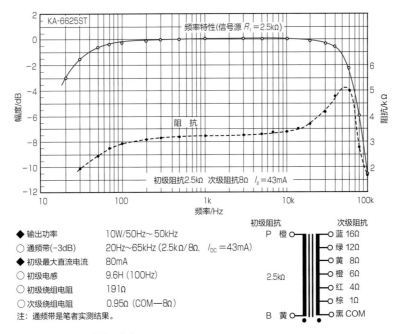

◆ 输出功率	10W/50Hz～50kHz
○ 通频带(-3dB)	20Hz～65kHz (2.5kΩ/8Ω, I_{DC}=43mA)
◆ 初级最大直流电流	80mA
○ 初级电感	9.6H (100Hz)
○ 初级绕组电阻	191Ω
○ 次级绕组电阻	0.95Ω (COM—8Ω)

注：通频带是笔者实测结果。

图6 KA-6625ST型输出变压器的特性和接线图

35

EX23-5-33SS 型机箱由 TAKACHI 电机工业制造，U 形上下盖板厚 2.5mm，前后面板厚3mm，外形尺寸为 232mm×333mm×52mm。加工尺寸如图 7 所示，加工后的机箱外观如图 8 所示。成品效果如图 9 ～图 10 所示，外形美观，结实好用。

主要零件见表 2。2019 年的制作总费用约为57700 日元（含税），满足了制作费用 6 万日元的比赛要求。

制作步骤

从机箱内部配置照片可以看出，机箱较大，

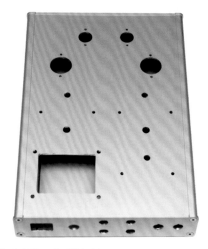

图8　从后方看开孔后的机箱

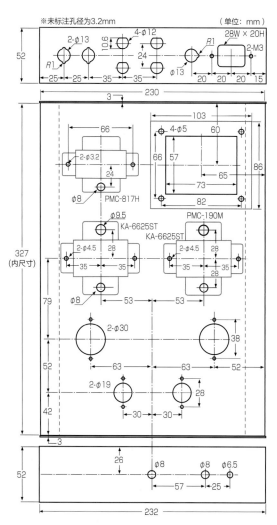

图7　机箱加工尺寸（侧面高度较小的一侧为顶板）

图9　拔掉电子管的放大器俯视图，可以看清电子管座的管脚位置

图10　背板结构简单：一组输入输出，电源插座，保险丝座

表2　主要零件清单

零 件	型号/规格		数 量	规格说明	供应商（参考）
电子管	EL34		1 对	Electro-Harmonix	AMTRANS
	6N1P		2	俄 制	AMTRANS
电子管座	大 8 脚模制		2	QQQ，可买到的优质产品	GENERAL TRANS
	小 9 脚		2	QQQ，可买到的优质产品	GENERAL TRANS
二极管	碳化硅肖特基势垒，SCS205KGC		2	5A/1200V，SCS205KG 亦可	秋月电子通商
电源变压器	PMC-150M		1		GENERAL TRANS
输出变压器	KA-6625ST		2		春日无线变压器
扼流圈	PMC-817H		1	8H/170mA	GENERAL TRANS
电 容	100μF	450V	2	圆柱形，尼吉康 TVX，屏极高压电源滤波	海神无线
	22μF	350V	1	立式，日本贵弥功 SMG，退耦	
	220μF	25V	2	立式，日本贵弥功 SMG，6NP1 旁路电容	
	220μF	100V	2	圆柱形，尼吉康 TVX，EL34 旁路电容	海神无线
	0.1μF	400V	2	ASC X363，耦合	海神无线
	0.33μF	630V	1	ASC 涤纶，滤波	海神无线
固定电阻	390Ω	5W	2	金属氧化膜型，EL34 自偏压电阻	海神无线
	220kΩ	1W	2	合成碳膜型，EL34 栅漏电阻	海神无线
	15kΩ，47Ω	3W	各 1	金属氧化膜型，退耦，泄放电阻	海神无线
	1.2kΩ	1/2W	4	金属膜型，6N1P 屏极，阴极电阻	
	15kΩ，68kΩ，390Ω	1/4W	各 1	LED 用，灯丝偏压，种类不限	
可变电阻	100kΩ（A）双联		1	ALPS ALPINE，RK27112A，27mm 方形	海神无线
扬声器端子	UJR-2650G（红，黑）		各 2		门田无线
RCA 插座	R-19（红，白）		各 1		门田无线
IEC 电源插座	EAC-301		1		门田无线
机 箱	EX23-5-33SS		1	232mm × 333mm × 52mm	TAKACHI 电机工业
橡胶垫脚	RS-28S		1 袋	4 个	TAKACHI 电机工业
小型钮子开关	M-2012		1	NKK 开关（原日本开闭器工业）	门田无线
LED 指示灯	CTL-601		1	绿色，孔径 8mm 的产品	
保险丝座	迷你，含 3A 保险丝		1	伊藤部品，F-7155	
灭弧器			1	0.1μF+120Ω	
旋 钮	CM-2S		1	LEX，音量电位器用（根据喜好）	
立式端子架	1L5P		1	伊藤部品，L-590	
	1L6P		3	伊藤部品，L-590	
塑料护线圈	φ8mm		3		西川电子部品
	φ9.5mm		2		西川电子部品
电 线	AWG 20，5 色		各 2cm		
扎 带	8cm		适量		西川电子部品
螺钉/螺母	M3×10mm		适量		西川电子部品

零件较少，内部十分宽松。配线除小 9 脚管座周围复杂一些，其余部位很宽松。

装配工作，先安装前后面板上的各类端子、开关，以及上盖上的管座等轻巧的零件。插座类零件可攻丝安装，也可以用螺钉和螺母安装。前后面板与机箱上盖组装好以后，再安装较重的变压器类零件，这样可防止机箱变形。

立式端子架安装在管座与左声道输出变压器固定螺钉上，参照机箱内部配置照片/实物配线图即可。输出变压器固定螺钉的规格为 M4，故需要使用铰刀或细圆锉刀对立式端子架扩孔。

配线从电源线与灯丝线开始，这些线需绞合在一起，减小干扰，也是为了成品视觉上更加清晰。

电源电路整流二极管、滤波电容（100μF/

450V）和薄膜电容，安装在输出变压器底面。扼流圈的配线也连接该立式端子架（图11）。两个灯丝偏压电阻（68kΩ，390kΩ）也安装在这个位置。

功率放大级的零件少，但集中在一起，阻容件跨接在管座与端子架之间，组装时需充分考虑安装顺序（图12）。

电压放大级与功率放大级共用中间的立式端子架，阻容件跨接在管座与端子架之间。RCA插座至电位器的配线，可以用AWG 22导线绞合后代替屏蔽线，音量电位器至栅极的配线也照此安装（参考图13、图14）。

电源变压器和背板的配线如图15所示。

机箱接地点设在小9脚管座上，使用齿形防松垫圈固定立式端子架的L端子作为接地点（参考实物配线图）。

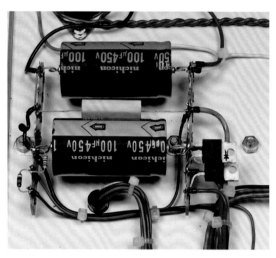

图11 整流和滤波电路。从上到下依次为100μF/450V电解电容，0.33μF/630V薄膜电容，100μF/450V电解电容。右下是两个碳化硅二极管，左下是灯丝偏压电阻

图12 功率放大级。390Ω/5W自偏压电阻、220μF/100V旁路电容、220kΩ/1W栅漏电阻直接焊接在管座上，白色圆柱体是0.1μF/400V耦合电容

图13 电压放大级。中间是电源滤波电路，音频输入使用AWG 22绞合线——嵌入机箱凹槽（右侧）

图14　要确保立式端子架上的元器件互不干涉，且标注数值朝外

图15　电源变压器周围和背板的端子配线。机箱两边的凹槽中嵌入输入线和电源开关配线

测　量

配线后需仔细检查，确认无误后才可插入电子管。接通电源，用万用表直流挡快速检查电路图上的标记点电压，标记点电压在标准值的10%以内就可以了。

EL34（T）的屏极电压为353V（381V-28V），屏极电流为70mA，屏极耗散功率为24.7W。与最大值30W比较，裕量合适。完全关掉输入电位器，左右声道残留噪声均为0.9mV。

输入输出特性如图16所示，输入电压1V对应最大输出功率6.5W（失真率5%）。

输出功率1W时的幅频特性如图17所示。-3dB通频带为18Hz～55kHz，该特性完全够用。在80～90kHz区间，幅频特性可能受未用绕组的影响而出现少许反曲，但这远超音频范围，故不作处理。以输出变压器次级6Ω端输出时 [EL34（T）的实际负载为3.3kΩ]，无此现象。

用通断法测量阻尼系数，结果如图18所示。在50Hz～15kHz中频区，阻尼系数约为2.75。

失真率特性如图 19 所示，1kHz 和 10kHz 的失真率（使用 400Hz 低通滤波器）曲线基本重合；100Hz 的失真率曲线虽然比它们大 20% 左右，但变化趋势相同。尤其是小信号输出时的失真率很低，对无反馈放大器来说，特性已经很好了。

方波响应波形

纯电阻负载的方波响应波形如图 20 所示。10kHz 波形可见少量振铃，应该是幅频特性中 95kHz 拐点的影响。容性负载的 10kHz 方波响应波形如图 21 所示，0.1μF 纯电容负载的振铃稍大，但工作稳定。

试听总结

试听音源以 *Getz Meets Mulligan in Hi-Fi* 和 *Chopin Piano Recital* 的 CD 为主。这些都是立体声技术初期的录音，听斯坦·盖茨时会震撼于高频到低频之间 CD 的信息量之大。尽管播放钢琴的难度较高，却能让人真切感受到毛里奇奥·波利尼的钢琴的美好。此外，宗教歌曲中合唱部分的高分辨率也给人留下了深刻的印象。综上所述，EL34（T）放大器是一台平滑、带宽、分辨率高的放大器。

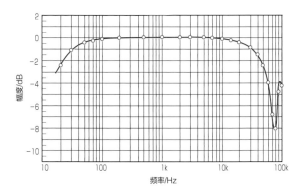

图17　幅频特性（0dB=1W）

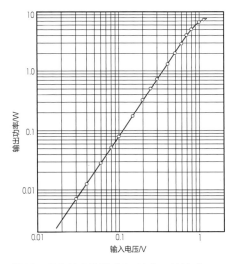

图16　输入输出特性（8Ω输出，1kHz）

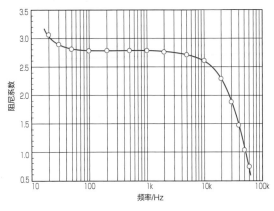

图18　阻尼系数

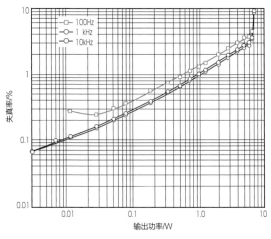

图19　失真率特性（1kHz和10kHz使用400Hz低通滤波器）

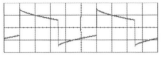 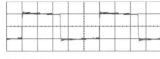 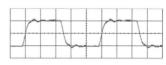

（a）100Hz　　　　　　　（b）1kHz　　　　　　　（c）10kHz

图20　8Ω纯电阻负载的方波响应波形（1V/div）

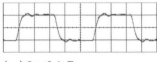 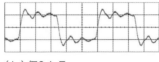

（a）8Ω//0.1μF　　　　　（b）仅0.1μF

图21　容性负载的10kHz方波响应波形（1V/div）

 知识延伸

用不同的输出变压器能打造不同的声音

　　本机的设计有一个限制条件，即输出变压器必须使用春日无线变压器制 KA-6625ST 型。

　　KA-6625ST 型输出变压器具备十分优秀的物理特性，音质上也没有问题，但是如果能自由选择输出变压器，笔者有以下想法。

　　额定输出功率 11W 的 GENERAL TRANS 制 PMF-11WS-5K 型，是初级阻抗为 5kΩ 的同等品。此外，还有特性相同、方壳外观的 PMF-11WS-5K-BOX 型。若想进一步提升低频性能，可选择额定输出功率 15W 的 GENERAL TRANS 制 PMF-15WS 型。

　　即使是同级别的输出变压器，受不同厂商的产品标准的影响，放大器的声音也不同。如果你喜欢古典音乐，可以考虑桥本电气制 HC-507U。

　　以上输出变压器均采用取向硅钢片，但也有使用无取向硅钢片的 GENERAL TRANS 制 PMF-10WS 型，可以体验不同材料的声音。

　　如果你已经能组装廉价的电子管放大器套件，那么一定要尝试制作本机这种更加帅气的功率放大器。

岩村保雄

2019年10月发表

金属管放大器，输出4.5W

12A6并联单端放大器

征矢进

　　全直接耦合甲2类并联单端放大器。功率放大管为金属壳束射四极管12A6，电压放大管为12AZ7A，推动管为12AU7。本机电路简单，零件少且均为容易入手的通用品。小9脚管和黑色金属管的排列使人眼前一亮，声音清爽通透。输出功率约4.5W。

实物配线图

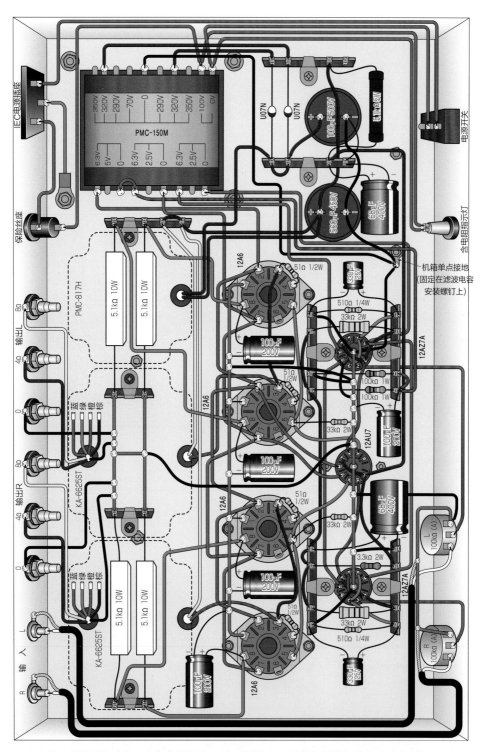

功率放大管排列在中间，因发热量较大，按一般经验，功率放大管与其他零件之间加大间距即可，机箱无须开散热孔。变压器引线一定要使用护线圈引入机箱内部。电子管12A6的1号管脚屏蔽端分别连接接地母线，阻容件安装在4P立式端子架上。4支5.1kΩ/10W水泥型自偏压电阻，安装在加高15mm的端子架上

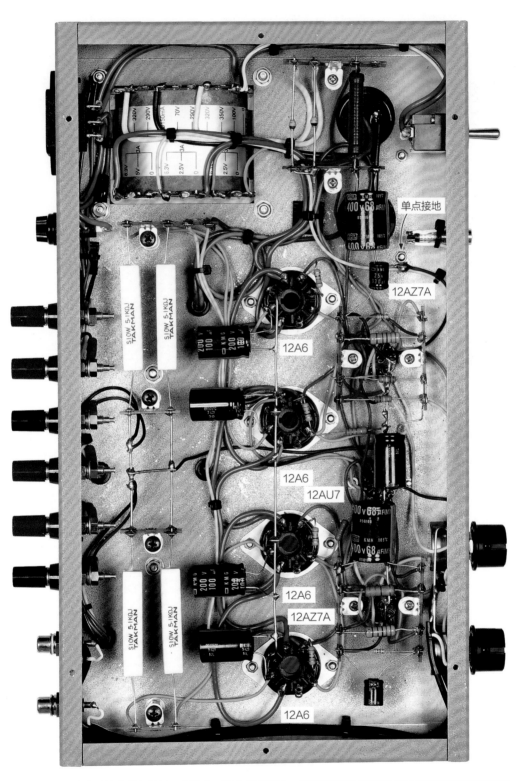

实物配线图中省略的电线捆扎等工艺细节，请参考该照片。交流电源线与高阻抗信号线的走线方式会影响底噪，请读者尽可能按照片配线，这能有效避免许多麻烦

试听活动

日本电子管音频协会在每年秋季举办"电子管音频节"活动。其间有一项惯例是由《MJ 无线与实验》的三位长期作家——岩村保雄、长岛胜、征矢进（笔者）决定每年的放大器制作主题，这些作品发表在月刊上，并在试听会上展示。

参加该活动的人难得有机会听到这些放大器的真实声音，故此在试听会结束之前无人离席，笔者始终心怀感激。

2019 年度主题是使用春日无线变压器制 KA-6625ST 型输出变压器（图 1 和图 2）制作单端放大器，并将成本控制在 6 万日元以内。放大器制作的关键是打造好音质，故难度很高，为了满足这一要求，笔者耗费了几个月的努力。

成品就是本机。文中配有实物配线图，如果担心自己无法充分理解电路图，可以参考实物配线图尝试制作。

使用的电子管

本机使用的电子管见表 1，外观如图 3 所示。

一开始笔者用 41 三极管接法作功率放大，可惜二次失真较大，判定 41 三极管接法并不适合单端电路，只好拆解。随后笔者想起了 12A6，也许是金属管不受欢迎的缘故，其价格低廉，契合低成本的要求。

12A6 的屏极输出特性如图 4 所示。

E_g 曲线比较均匀、整齐，故二次谐波失真较低。E_g 最高至 +20V，即甲 2 类工作状态。

甲 2 类工作状态是指，屏极输出特性曲线的放大区包含栅极电压大于 0V 的区间，即栅极对阴极电压有正有负。栅负压区间无正向栅流时，只需电压推动；栅正压区间有正向栅流时，需功率推动。（甲 1 类：屏极输出特性曲线的放大区栅极电压最高 0V，放大区无正向栅流，只需电压推动）

结合本机，若 12A6 工作在甲 1 类状态，则推动电压在 70V$_{p-p}$ 左右时，不考虑负反馈的影响，高放大系数三极管一级放大、阻容耦合即可；若工作在甲 2 类状态，则需在电压放大级与功率放大级之间插入一级推动电路，阻容耦合不再可行。

推动级信号耦合至功率放大管，常见有变压器耦合和阴极跟随器直接耦合两种方式。前者隔

图1　春日无线变压器制KA-6625ST型输出变压器，立式包夹引线输出

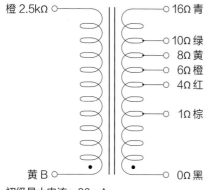

橙 2.5kΩ

16Ω 青
10Ω 绿
8Ω 黄
6Ω 橙
4Ω 红
1Ω 棕

黄 B

0Ω 黑

初级最大电流：80mA$_{max}$
初级电感：10H$_{max}$

图2　KA-6625ST接线图

图3　本机使用的电子管：左起依次为12AZ7A、12AU7、12A6

表1 本机使用的电子管的最大值和典型应用值

参 数		12A6	12AU7	12AZ7A
用 途		功率放大用束射四极管	中放大系数双三极管	高频放大、变频用高放大系数双三极管
$E_h(V) \times I_h(A)$		12.6×0.15	12.6×0.15	12.6×0.225
			6.3×0.3	6.3×0.45
最大值	E_p/V	250	300	300
	E_{g2}/V	250		
	P_p/W	7.5	2.75	2.5
	P_{g2}/W	1.5		
	I_k/mA		20	
	E_{h-k}/V	90	± 200	± 200
典型应用值 (三极管接法)	E_p/V	250	250	250
	E_g/V	-13	-8.5	($R_k=200\Omega$)
	I_p/mA	36	10.5	10
	g_m/mS	3.0	2.2	5.5
	$r_p/k\Omega$	3.0	7.7	10.9
	μ	9	17	60

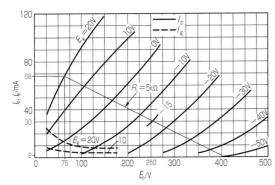

工作点设为E_p=250V，I_p=30mA，E_g=−15V，P_p=7.5W。负载5kΩ。E_g=+20~−50V，屏极耗散功率为7.1W，输出功率为

$$P_{out} = \frac{\left(E_{pmax} - E_{pmin}\right) \times \left(I_{pmax} - I_{pmin}\right)}{8}$$

$$= \frac{\left(400 - 75\right) \times \left(68 - 2\right)}{8} \times 10^{-3}$$

$$\approx 2.68(W)$$

本机设计为并联单端，输出变压器初级阻抗为单管负载阻抗的一半——2.5kΩ，理论输出功率翻倍——5.36W。估算输出变压器效率为80%，则实际输出功率约4.3W

图4 12A6的屏极输出特性

直通交，两级直流工作点相对独立。后者电路简单、成本低，但两级电路直流工作点相互牵扯。为了切合题旨，本机采用阴极跟随器直接耦合推动功率放大管。

阴极跟随器电路使用容易买到的12AU7，屏极输出特性曲线与工作点如图5所示。阴极跟随器为深度电压串联负反馈电路，输出电压≈输入电压，输入阻抗高，输出阻抗低，输出电压摆幅＝管压差＝172V，足以推动12A6。

电压放大管使用双三极管12AZ7A——与12AT7A相比仅灯丝规格不同，前者属于串接灯丝450mA系列。据说灯丝功率越大，声音越有穿透力。

12AZ7A屏极输出特性曲线与工作点如图6所示。栅压曲线排列不算理想，也许会出现较多二级失真。笔者认为顺其自然就好，只要仔细调试，即可与功率放大管抵消失真。

电路设计

本机电路原理图如图7所示。

综上，这是一台全直接耦合甲2类单端功率放大器。推动管不使用耦合电容，直接推动功率放大管可大幅提高输出功率，还有利于打造保真音质。由单一电源供电时（无负压），高压电源电压较高是一个缺点。

（1）电压放大级

为了降低输出阻抗与失真，12AZ7A 的两个三极管单元并联使用，屏极电阻为 66kΩ/2=33kΩ。屏极电流约为 4mA，自偏压电阻为 510Ω，栅偏压 2.1V。

（2）阴极跟随器级

如上文所述，33kΩ 负载电阻兼 12A6 栅漏电阻。

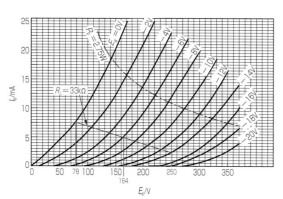

工作点在 E_p=164V，I_p=5mA，E_g=-6V。负载电阻在33kΩ时，输出电压摆幅为172V

图5 12AU7的屏极输出特性

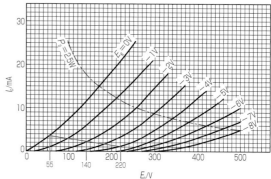

工作点在 E_p=140V，I_p=2mA，E_g=2V。屏极电阻66kΩ。由负载线得知，E_g变化4V，E_p变化165V，即放大41.25倍。12A6推动电压70V_{p-p}，计算对应输入电压为1.7V_{p-p}，即有效值0.6V，输入灵敏度合适

图6 12AZ7A的屏极输出特性

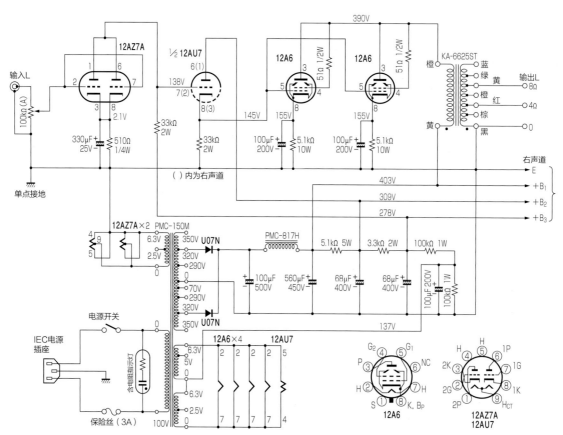

图7 电路原理图（省略右声道）

（3）功率放大级

如上文所述，两只 12A6 并联使用。自偏压电阻分别配置，有利于减少功率放大管个体差异对电路的影响，有利于长期稳定工作。

（4）电源部分

电源部分结构非常普通。双 320V 绕组接两只二极管全波整流，经过电容 – 扼流圈 – 电容构成的 Π 形滤波电路后，获得高压电源。要注意，12A6 和 12AU7 均要施加灯丝偏压。

使用的零件

本机使用的主要零件见表 2。

12A6 可替换为同等玻璃管 12A6GTY，但是金属管更便宜，符合此次的要求，外表也更显

表2　主要零件清单

零件	型号 / 规格		数 量	品 牌	规格说明
电子管	12A6		4	KEN-RAD	品牌不限
	12AU7		1	东芝	品牌不限
	12AZ7A		2	东芝	品牌不限
电子管座	大 8 脚		4	欧姆龙	模 制
	小 9 脚		3	QQQ	模 制
二极管	U07N		2	日立	
电源变压器	PMC-150M		1	GENERAL TRANS	
输出变压器	KA-6625ST		2	春日无线变压器	
扼流圈	PMC-817H		1	GENERAL TRANS	
电容	100μF	500V	1	Unicon	焊片引脚电解型
	560μF	450V	1	尼吉康	焊片引脚电解型
	68μF	400V	2	日本贵弥功	立 式
	100μF	200V	5	日本贵弥功	立 式
	330μF	25V	2	日本贵弥功	立 式
电阻	5.1kΩ	10W	4	TAKMAN	水泥型
	5.1kΩ	5W	1	KOA	金属氧化膜型
	33kΩ	2W	2	E-Globaledge	金属膜型
	33kΩ	2W	2	AMTRANS	金属氧化膜型
	3.3kΩ	2W	1	AMTRANS	金属氧化膜型
	100kΩ	1W	2	AMTRANS	金属氧化膜型
	51Ω	1/2W	4		金属氧化膜型
	510Ω	1/4W	2		碳膜型
音量电位器	100kΩ（A）		2	TOCOS	输入用
旋 钮			2		
机 箱	S-170		1	GENERAL TRANS	
IEC 电源插座			1		
电源开关			1	NKK 开关	
保险丝座			1		
保险丝			1		3A
RCA 插座	红 色		1		
	白 色		1		
输出端子	黑 色		2	佐藤部品	
	红 色		4	佐藤部品	
其 他	根据需要				

精悍。12AT7 和 12AU7 也可使用同等管，品牌不限。

管座一定要选用性能稳定的、容易装配的产品。管座到手后先插入电子管，确认适用，这一点非常重要。

二极管为日立制 U07N 型，反向耐压为 1.5kV，也可以使用同等品代换。

输出变压器使用春日无线变压器制 KA-6625ST 型，其性能稳定，初级与次级可在等效阻抗 2.5 ~ 5kΩ 内搭配使用，方便应用。

电源变压器使用 GENERAL TRANS 制 PMC-150M 型，扼流圈使用 GENERAL TRANS 制 PMC-817H 型，它们都是标准产品，容易买到。

此次使用的机箱也是 GENERAL TRANS 制，虽然未涂漆，但电源变压器孔已经加工好了。

阻容件不限品牌，参数一致即可。电解电容 560μF/450V 选择 200μF/450V 以上即可，680μF/400V 选择 47 ~ 100μF/400V 即可。

其他零件也都不限品牌，建议选择自己喜欢或手里闲置的产品。

制 作

希望读者这次能够不看电路图，仿照实物配线图制作成功。

面板上安装电源开关、指示灯和输入电位器。从正面可以看到所有电子管，四根金属管与黑色变压器相得益彰，成功打造出了厚重感（参见题图）。

背板上安装电源插座和保险丝座，如图 8 所

示。输出端子要匹配自己使用的音箱，本机引出 4Ω 和 8Ω 端子。

本机俯视外观如图 9 所示。机箱可以参考照片进行开孔。变压器类尽可能靠后安装，这样可以给电子管留出较大的空间，以利散热。电解电容要安装在不易受电子管热辐射的位置。

机箱内部空间较大，零件较少，不拥挤，整体清爽干净，如图 10 ~ 图 13 所示。

调 试

本机没有需要调试的部位，只要零件没有异常，正确配线，即可直接工作。但是，接通电源前，必须按照以下步骤检查。

首先清扫机箱内部，对照实物配线图和电路原理图（图 7）检查，确认除整流二极管之外，所有零件正确安装，尤其是电解电容的极性。然后检查配线，全直接耦合电路无法分开检查，故配线检查极其重要。

确信全部正确之后，插入所有电子管，通电检查所有电子管能否正常点亮灯丝（金属管用手摸温升），并用万用表确认灯丝电压。

检查过灯丝电路后，焊接上整流二极管，通电检查。先测量 12A6 自偏压，正常情况下通电 11s 后电压上升，显示 150 ~ 160V。随后对照原理图检查其他各点电压。在检查过程中，一定要注意观察与闻气味，若发现零件变色、烧糊或

图8　变压器排列整齐的后视图。背板的输出端子为4Ω和8Ω

图9　本机的俯视效果。电解电容要尽可能远离电子管。机箱虽没有散热孔，但无异常发热

图10 功率放大管自偏压电阻引线要切短，并用15mm铜柱支撑，使其远离机箱，以利散热

图11 灯丝配线远离其他配线，尤其是音频信号输入线。接地母线沿管座中间展开，12A6的1脚是屏蔽端，须接地。51Ω帘栅极保护电阻直接连接管座

图12 电源变压器周围和功率放大管座周围，注意接地母线的安装方法。通向电源变压器的配线汇总在中间，不占用机箱内部空间

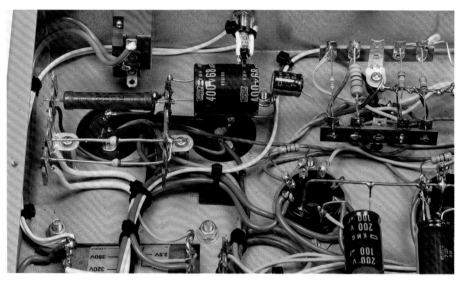

图13　左侧是电源部分。立式端子架连接整流二极管滤波电阻、滤波电容。高压电路要注意间距

散发异味，要立刻切断电源，排查故障原因。确认各处电压接近电路图标注值后，调试完成。

若电压偏差超过5%，则说明某处有问题或电子管参数偏差较大，需再次检查零件与配线，并按照 12AZ7A → 12AU7 → 12A6 的顺序交换电子管，确认问题原因。

若确认偏压是电子管参数偏差较大引起的，可将电压放大级阴极电阻（510Ω）替换为 1kΩ 电位器，调整电位器使电压接近标准电压后，将电位器替换为数值接近的固定电阻。

测　量

输入输出特性如图 14 所示。实测输入电压 640mV 时输出功率 4.5W，与计算结果一致。

幅频特性如图 15 所示。选用的输出变压器低频延伸好，高频平缓，整体温和而有韧性。

阻尼系数偏低，为 1.25（1kHz），不随频率发生较大变化（图 16）。笔者认为，提高电压放大级增益，并施加大环路负反馈以提高阻尼系数，也许会出现有趣的结果。

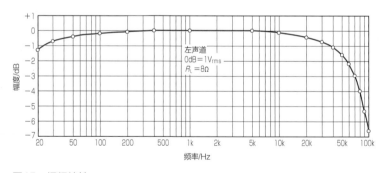

图15　幅频特性

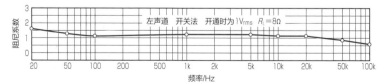

图16　阻尼系数

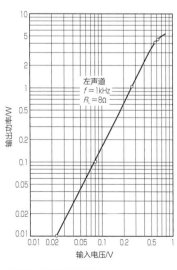

图14　输入输出特性

失真率特性如图 17 所示。低输出功率时曲线不一致，但失真并不大；1W 以上时曲线一致，特性平稳。

此外，残留噪声为左声道 0.8mV、右声道 0.4mV。

波形观测

图 18 所示为各频率下的方波响应波形。

100Hz 低频的下垂少，展现出图 14 所示的特性。10kHz 波形略有过冲。

图 19 所示为负载开路与容性负载的 10kHz 方波响应波形。

负载开路时，有细微的振铃，但很快就收敛了，可见工作较为稳定。

从容性负载特性中可以看出，无反馈放大器具有极高的稳定性。

图 20（a）所示为临界削波波形，图 20（b）所示为最大输出功率时的正弦波响应波形。

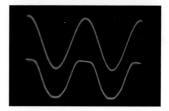

（a）临界状态（输出4.5W）

（b）输出5W

图20　1kHz正弦波响应（左声道，8Ω；上为输入，下为输出）

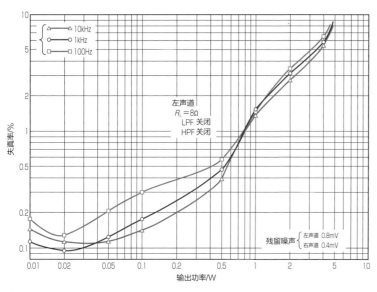

图17　失真率特性

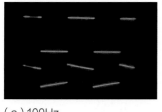

（a）100Hz

（b）1kHz

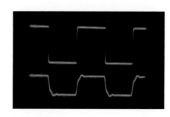

（c）10kHz

图18　输出1V_rms时各频率下的方波响应（左声道，8Ω；上为输入，下为输出）

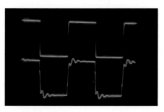

（a）负载开路

（b）8Ω//0.22μF

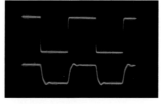

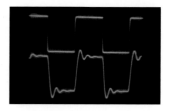

（c）仅0.22μF

图19　不同负载的10kHz方波响应（左声道，输出1V_rms；上为输入，下为输出）

受功率放大管线性度的影响，先发生截止失真，如果不够满意，可微调工作点。不过，笔者还是选择了自己喜欢的音质。

图21所示为各频率下的李沙育图形。观测该图形是为了了解放大器的相频特性。可以看出，100Hz～10kHz没有较大变化，80kHz偏移90°。施加大环路负反馈时需进行细微的相位补偿。

为了提高阻尼系数，笔者本打算施加3～4dB负反馈，但使用5.5寸小型全频音箱试听时，低频无任何不适，如果对音量没有更高要求，可以就此享受优美的音乐。

声音通透性好，音质清爽。如果声音再厚重一点就更好了。对于使用大型落地系统音响，满足于2A3单端放大器的输出功率的人，这是一台值得推荐的放大器。

试听扬声器是TAD TL-1601b×2+TD-4001+木质音箱，Altec 620B（含604-8H），Fostex 10cm+自制音箱等。

试 听

最终成品外观如图22所示。

  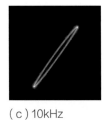  

（a）100Hz　　（b）1kHz　　（c）10kHz　　（d）50kHz　　（e）80kHz

图21　XY李沙育图形（左声道，8Ω）

图22　2019年"电子管音频节"试听会制作的三款放大器均收录于本书中：上方是长岛胜的6JA5单端放大器，左边是本机，右边是岩村保雄的EL34单端放大器

 知识延伸

用不同类型的电子管，享受声音的变化

根据《世界电子管手册》（山川正光，诚文堂新光社，1995年），12A6被归类于工业规格。它的品质应该高于普通民用管。但知道它的人不多，价格较低，这一点是十分有利的。

12A6系列有大8脚玻璃管12A6GTY，笔者尝试用它替换金属管。不愧是工业规格产品，不做任何修改即可使用，但音色略有差别。笔者认为，玻璃管的声音更加清晰明亮，金属管平和稳重。这样比较不同音色，也是电子管放大器制作的有趣之处。

征矢进

2019年10月发表

甲2类输出5.8W，小改进提升音质

6JA5三极管接法单端功率放大器

长岛胜

　　6JA5 是驱动电视机显像管垂直偏转线圈的束射四极管，屏极耗散功率为 19W。用其制作甲 2 类单端放大器，实测最佳负载阻抗为 3.5kΩ，输出功率约 5.8W。电压放大级和推动级使用小 9 脚五极管 EF80/6BX6。根据放大器制作大赛要求，使用 KA-6625ST 型输出变压器。为提升音质，采取了定制电源变压器、将耦合电容装入铜管等措施。

实物配线图

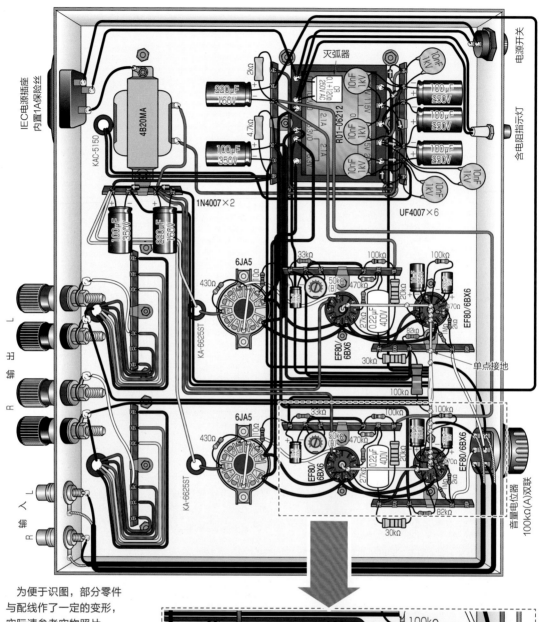

为便于识图，部分零件
与配线作了一定的变形，
实际请参考实物照片

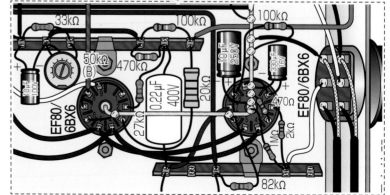

音量电位器
右声道电压放大级
推动级

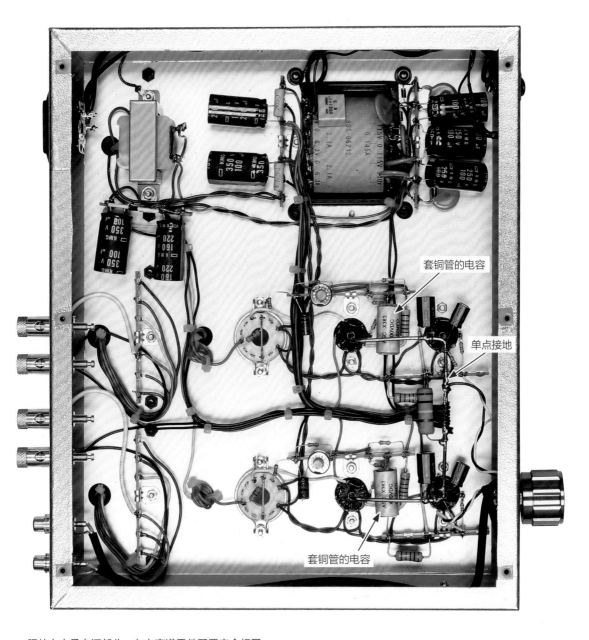

套铜管的电容

单点接地

套铜管的电容

照片上方是电源部分，左右声道零件配置完全相同

6 万日元制作大赛

2019 年"电子管音频节"《MJ 无线与实验》试听会的要求是使用春日无线变压器制 KA-6625ST 型输出变压器，以及制作费用在 6 万日元以内。三位放大器创作者按要求精心制作了自己的电子管放大器，本机就是其中之一。

选择功率放大管

制作费用受限，无法使用高价值功率放大管。根据 KA-6625ST 型输出变压器初级阻抗可在 2.5 ~ 5kΩ 通用的特点，选用负载阻抗在 1.5 ~ 5kΩ 的功率放大管。笔者首先想到的是很受欢迎的 6L6、6CA7 及 7591A 等，但它们缺乏新意，所以只好从以前接触过的功率放大管中选择既便宜、输出功率又大的产品。候选产品包括 6JH5、15KY8、6JA5 等。

本机选择了现在也能低价买到的 6JA5（图 1）。笔者曾在《无线电技术》2008 年 12 月刊中介绍过该电子管，后在《MJ 无线与实验》2014 年 10 月刊发表过"6JA5 推挽 35W 放大器"。

6JA5 几乎是小型管中外形最大的小 12 脚管，原型为无电源变压器串接灯丝 600mA 系列 10JA5（图 2）。与 10JA5 相比，仅灯丝规格不同。

6JA5 的灯丝电压为 6.3V，灯丝电流为 1A；屏极最高电压为 400V，帘栅极最高电压为 300V，帘栅极耗散功率为 2.75W，屏极耗散功率高至 19W；跨导为 10.3mS；三极管接法放大系数 $\mu_{g2/g1}$ 未公布，实测 6.5。

变压器类

变压器类均使用春日无线变压器的产品。

图1　GE制6JA5。此管应用广泛，多家公司都有生产，容易买到

— PRODUCT INFORMATION —

Page 1　8-71

Compactron Beam Pentode

10JA5

FOR TV VERTICAL-DEFLECTION
AMPLIFIER APPLICATIONS

■ COLOR TV TYPE　● PLATE DISSIPATION 19 WATTS　■ VERTICAL OUTPUT PENTODE　■ HIGH PERVEANCE

The 10JA5 is a compactron beam-power pentode primarily designed for use as the vertical-deflection amplifier in color television receivers.

MAXIMUM RATINGS

VERTICAL-DEFLECTION AMPLIFIER SERVICE □ —DESIGN-MAXIMUM VALUES

DC Plate Voltage	400	Volts
Peak Pulse Plate Voltage	2500	Volts
Screen Voltage	300	Volts
Peak Negative Grid-Number 1 Voltage	250	Volts
Plate Dissipation	19	Watts
Screen Dissipation	2.75	Watts
DC Cathode Current	110	Milliamperes
Peak Cathode Current	260	Milliamperes
Heater-Cathode Voltage		
Heater Positive with Respect to Cathode		
DC Component	100	Volts
Total DC and Peak	200	Volts
Heater Negative with Respect to Cathode		
Total DC and Peak	200	Volts
Grid-Number 1 Circuit Resistance		
With Fixed Bias	1.0	Megohms
With Cathode Bias	2.2	Megohms

CHARACTERISTICS AND TYPICAL OPERATION
AVERAGE CHARACTERISTICS

Plate Voltage	45	135	Volts
Screen Voltage	125	125	Volts
Grid-Number Voltage	0‡	–10	Volts
Plate Resistance, approximate	---	12000	Ohms
Transconductance	---	10300	Micromhos
Plate Current	210	95	Milliamperes
Screen Current	20	4.2	Milliamperes
Grid-Number Voltage, approximate			
Ib = 100 Microamperes	---	–33	Volts

图2　10JA5的规格（摘自GE数据手册1971年版）

（1）输出变压器

KA-6625ST 型输出变压器是 KA-3325S 更新型，旧型号是端子架型，铁心叠厚 25mm；新款是导线引出立式，铁心叠厚 35mm。这是一款多绕组变压器，通过绕组之间相互搭配，初级阻抗可在 2.5 ~ 5kΩ 通用。次级可反向使用，方便引入大环路负反馈（接线图见 46 页）。

实测结果表明，使用 6JA5 搭配此款变压器，8Ω 音箱接在 6Ω 端子（橙）时，输出功率最大，等效初级阻抗为 3.33kΩ。最终选择这种组合。

（2）电源变压器

电源变压器是定制产品。通常，电源变压器的缠绕顺序从铁心开始依次是初级绕组、静电屏蔽、高压绕组、灯丝绕组，而本机依次是高压绕组、静电屏蔽、初级绕组、静电屏蔽、灯丝绕组（图3）。笔者曾试制过 4 种不同绕法的同规格电源变压器，当时这种绕法的漏感最小，因此选择了这种绕法。

电路设计

（1）功率放大级

整机电路为无大环路负反馈结构，功率放大管必须改为三极管接法，才能保证一定的阻尼系数。五极管标准接法改为三极管接法后，若放大区间仍为甲 1 类，则输出功率会下降很多。为弥补输出功率不足、提高效率，需将功率放大管放大区间拓展到甲 2 类，这样就需要引入推动级。

（2）电压放大级和推动级

电压放大级和推动级选用口碑较好的 EF80/6BX6。此管是宽频带电压放大五极管，常用在中频放大电路中。灯丝电压为 6.3V，灯丝电流为 0.3A；屏极、帘栅极最高电压为 300V，屏极耗散功率为 2.5W，帘栅极耗散功率为 0.7W；跨导为 7.4mS；三极管接法放大系数为 50。除标准型以外，此系列电子管还有高可靠性型 E80F，长寿命型 EF800。

EF80（图 4）在东芝和松下的产品规格书中记载为锐截止管，但是《音频电子管指南》（一木吉典著，无线电技术社，1985 年）认为它是半遥截止管。笔者观察发现，其跨导曲线确实有遥截止的倾向，这可能与其跨导介于典型的锐截止管与遥截止管之间有关吧。充分利用这一特性可抵消其与三极管之间的二次失真。

阴极跟随器电子管，笔者首先考虑的是 12BY7A，但近年来价格过高；6CW5 价格合适，但偏压过高……都不太合适。几经辗转，最后选定 EF80。

EF80 的屏极最高电压高，跨导较高，适合电压放大级（五极管标准接法）；$\mu_{g2/g1}$ 也较高，作阴极跟随器（三极管接法）时增益损失小。同型号管，改变接法用于不同的电路，一举两得。

图4　本机使用西门子制 EF80。读者可根据喜好选用，品牌不限

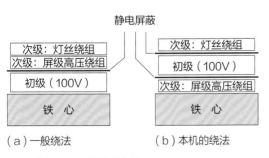

（a）一般绕法　　　（b）本机的绕法

图3　电源变压器的两种绕法

静电屏蔽

| 次级：灯丝绕组 |
| 次级：屏级高压绕组 |
| 初级（100V） |
| 铁　心 |

| 次级：灯丝绕组 |
| 初级（100V） |
| 次级：屏级高压绕组 |
| 铁　心 |

电路结构

本机电路原理图如图5、图6所示，主要零件见表1。

（1）电压放大级

如上文所述，本机使用EF80，采用了高增益的标准接法。

音频信号自100kΩ（A）电位器输入，串联2kΩ防振电阻后，至电压放大级。1MΩ电阻为防止开路的栅漏电阻。帘栅极电压由82kΩ与100kΩ电阻分压获得。自偏压电阻为470Ω，旁路电容为330μF/16V，屏极负载电阻为30kΩ。

输出耦合电容为ASC制薄膜型0.22μF，放入铜管屏蔽，内部用环氧树脂固定。

（2）阴极跟随器级

如上文所述，栅漏电阻为47kΩ。阴极负载电阻为20kΩ，兼功率放大管栅漏电阻。控制栅极串联27kΩ防振电阻，此电阻能与EF80内部极间电容构成低通滤波器，降低超音频信号增益。

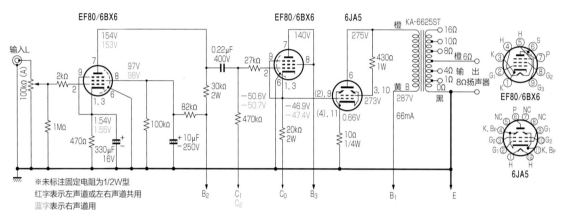

图5 本机放大部分的电路原理图（左声道）

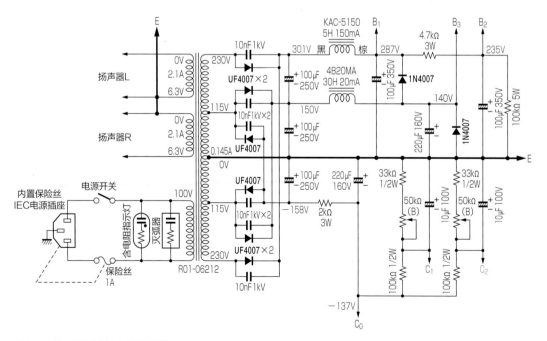

图6 本机电源部分的电路原理图

表1 本机的主要零件

零 件	型号 / 规格		数 量	品 牌	规格说明	供应商（参考）
电子管	6JA5		2	GE		Classic Components
	EF80/6BX6		4		手头闲置品	
电子管座	小 12 脚		2		参考照片	SANEI 电机
	小 9 脚		4			海神无线
二极管	UF4007		6	Vishay		秋月电子通商
	1N4007		2	Vishay		Sun Electro
电源变压器	R01-06212		1	春日无线变压器	定制品（参考正文）	春日无线变压器
输出变压器	KA-6625ST		2	春日无线变压器		春日无线变压器
扼流圈	KAC-5150		1	春日无线变压器		春日无线变压器
	4B20MA		1	春日无线变压器		春日无线变压器
电 容	10nF	1kV	2		陶瓷型	
	0.22μF	400V	1	ASC	薄膜型	海神无线
	100μF	350V	1	日本贵弥功	立式电解型，KMG	海神无线
	100μF	250V	2	日本贵弥功	立式电解型，KMG	海神无线
	10μF	250V	2	日本贵弥功	立式电解型，KMG	海神无线
	220μF	160V	2	日本贵弥功	立式电解型，KMG	海神无线
	10μF	100V	2	日本贵弥功	立式电解型，KMG	海神无线
	330μF	16V		日本贵弥功	立式电解型，KMG	海神无线
固定电阻	100kΩ	5W	1		金属氧化膜型	
	4.7kΩ	3W	1		金属氧化膜型	海神无线
	2kΩ	3W	1		金属氧化膜型	海神无线
	30kΩ	2W	2	E-Globaledge	金属膜型	
	20kΩ	2W	2	E-Globaledge	金属膜型	
	430Ω	1W	2		金属氧化膜型	海神无线
	1MΩ	1/2W	2		碳膜型	秋月电子通商
	470kΩ	1/2W	2		碳膜型	秋月电子通商
	100kΩ	1/2W	4		碳膜型	秋月电子通商
	82kΩ	1/2W	2		碳膜型	秋月电子通商
	33kΩ	1/2W	2		碳膜型	秋月电子通商
	27kΩ	1/2W	2		碳膜型	秋月电子通商
	2kΩ	1/2W	2		碳膜型	秋月电子通商
	470Ω	1/2W	2		碳膜型	秋月电子通商
	10Ω	1/4W	2		金属膜型	秋月电子通商
可变电阻	100kΩ（A）双联		1	Alps Alpine		
旋 钮			1		手头闲置品	
半固定电阻	50kΩ（B）		2	NIDEC Components	RJ13-PR	海神无线
机 箱	JB-2530		1	LEAD	不使用底板	SS 无线
盖 板	铝板 300mm×150mm		1	TAKACHI 电机工业	厚 2mm	
橡胶垫脚	RS-28S		1	TAKACHI 电机工业		
立式端子架	1L4P		1	佐藤部品	L-590	海神无线
	1L6P		8	佐藤部品	L-590（部分加工）	海神无线
电源开关			1			
指示灯	含电阻指示灯		1			海神无线
灭弧器			1	红宝石		海神无线
IEC 电源插座	3 脚		1		内置保险丝	海神无线
保险丝	1A（延时熔断型）		2		一根备用	海神无线
RCA 插座			1组		白，红	海神无线
扬声器端子			2组		黑，红	海神无线

（3）功率放大级

6JA5 作三极管接法，帘栅极串接 430Ω/1W 保护电阻（470Ω 亦可），阴极串联 10Ω 1/4W（1%）金属膜电阻。此电阻为保险电阻兼电流采样电阻，当电流过大致烧毁时呈开路状态，保护输出变压器和功率放大管。功率放大管负载阻抗约 3.33kΩ，橙色端子连接 8Ω 扬声器。

（4）电源电路

本机电源电路较复杂。次级侧，115V 绕组经整流输出正负电源，230V 绕组经全波整流输出正电源。正压电路 CLC 滤波，负压电路 RC 滤波，既保证了效果，又兼顾了成本。受端子架的限制，接地点设在电源电路最后。

二极管选 UF4007 型，为降低换流噪声，每只二极管并联 10nF/1kV 瓷片电容。B_1 与 B_3 之间、B_3 与地线之间反接 1N4007，避免电流倒灌。

50kΩ（B）电位器用于偏压调节。接线时要注意，当电位器发生开路故障时，偏压必定会加深，即功率放大管电流减小或截止。

机 箱

笔者原本想使用 TAKACHI 电机工业制 SRD-SL8 系列机箱，但受预算限制，只能使用 LEAD 制 JB-2530 型机箱。

JB-2530 主体为铁制，顶板是 2mm 厚阳极氧化铝板，切割掉法兰部分就可以直接使用。在加工机箱前，需用树脂贴膜防护外观面，以免外观面被划伤。JB-2530 没有配橡胶垫脚，本机使用了 TAKACHI 电机工业制"装饰塑料垫脚"。

此外，要选用合适的螺钉，增加外观美感。

元器件配置的俯视效果如图 7 所示，成品外观如图 8、图 9 所示。

机箱加工尺寸如图 10 所示。

机箱内部照片如图 11 ~ 图 15 所示。

各种特性

残留噪声的实测值见表 2。

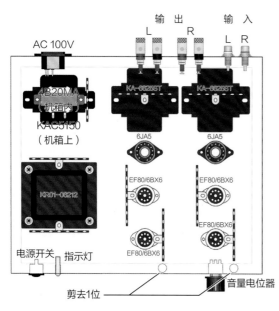

图7　机箱的俯视效果图

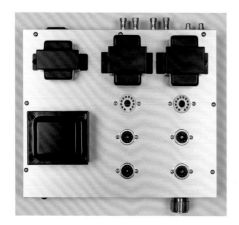

图8　250mm×300mm机箱接近正方形，电源部分、左右声道各占1/3，电源变压器安装在前面，避免重心过度靠后

图9　本机背面。本机专门为试听会制作，外观简单朴素

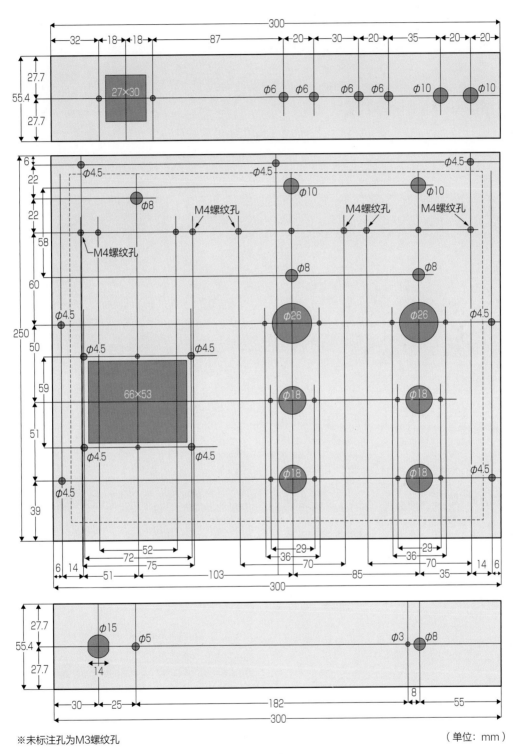

※未标注孔为M3螺纹孔

（单位：mm）

图10　机箱加工尺寸（面板、背板，顶板为2mm厚铝板）

63

图11 右声道部分。功率放大管6JA5帘栅极两个引脚（3，10）要用粗镀锡线连接，以利散热

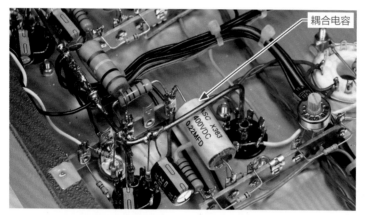

图12 左声道部分。接地母线架高一些，以有效利用下方空间。耦合电容装入铜管并用环氧树脂密封后，需贴上标签，用透明热缩管保护

图13 整流滤波部分。二极管和阻容件安装在6P端子架上

图14 从后方观察放大部分

图15 以扼流圈为中心的滤波电路。要注意电解电容字符向外，以便识别

表2 残留噪声测量结果

残留噪声	开路（8Ω）			短路（8Ω）		
	无滤波	400Hz 高通滤波	A 计权	无滤波	400Hz 高通滤波	A 计权
左声道 /mV	1.500	0.056	0.088	1.200	0.036	0.020
右声道 /mV	1.100	0.050	0.068	1.000	0.050	0.018

输入输出特性如图 16 所示。削波临界点的输出电压为 19.2V$_{p-p}$，输出功率为 5.78W，如图 17 所示。此时的失真以三次谐波为主，输出电压达 21V$_{p-p}$ 时失真以削波导致的高次谐波为主。

受 6JA5 本身线性不佳的影响，输出 1kHz，1V 时以二次谐波为主，5.0V 以上时 6JA5 工作在正栅压区间。整机电压增益 24.5dB，较高。

幅频特性如图 18 所示，−1dB 通频带为 23Hz ~ 42kHz，−3dB 通频带为 12Hz ~ 82kHz。这对无反馈放大器来说是非常理想的性能了。122kHz 处出现了驻点，因远超音频范围，且无拐点，不予讨论。

失真率特性如图 19 所示，低中高三种频率的曲线变化趋势相同，最低值为 100Hz 的 0.24%。

若使用电压放大级抵消失真，失真率应该会得到改善。

受机箱尺寸限制，输出变压器稍微受电源变压器漏磁的影响，残留噪声波形如图 20 所示。

10kHz 方波响应如图 21、图 22 所示。

接 8Ω 纯电阻负载时，几乎看不到过冲。并联 0.22μF 电容时，可见较小的过冲；并联 0.47μF 电容时，过冲变大，但无振铃。

无负载时，过冲与振铃明显。接纯电容负载时，过冲与振铃虽然随着负载电容量的增大而变大，但无自激。

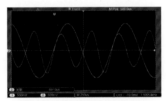

（a）1V[输入(黄)500mV/div，输出(蓝)500mV/div，250μs/div]

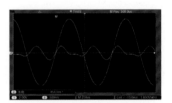

（b）5V[输入(黄)2V/div，输出(蓝)500mV/div，250μs/div]

（c）19.2V$_{p-p}$[输入(黄)5V/div，输出(蓝)500mV/div，250μF/div]

（d）21V$_{p-p}$[输入(黄)5V/div，输出(蓝)500mV/div，250μF/div]

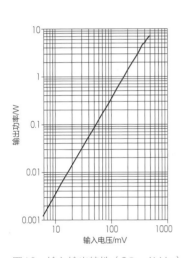

图16　输入输出特性（8Ω，1kHz）

图17　1kHz正弦波和失真（8Ω）

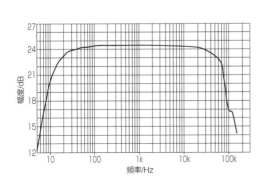

图18　幅频特性（输出1V，8Ω）

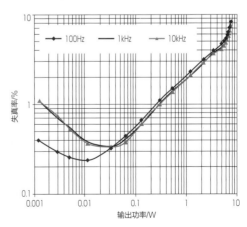

图19　失真率特性（8Ω）

综上判断，本机相频特性良好，无自激倾向。

阻尼系数在 1kHz 时为 2.13（图23），音频范围内接近平滑。超过 20kHz 时受变压器漏感影响，阻尼系数下降；50Hz 以下受到变压器初级电感量的限制，逐渐上升。

左右声道分离度如图 24 所示，1kHz 时为 70.8dB，测量值与残留噪声相同，实际应该更好。

整机电流为 0.8A，功率为 71W，保险丝选用 1A 延时型。

试 听

最终成品外观如图 25 所示。

也许是因为耦合电容在铜管里，声音有力，让人感觉不到低频的微弱，交响乐和管风琴也能顺利播放。笔者认为，电压放大管使用 6EH7 更好。6EH7 的音质柔和，很适合播放背景音乐。

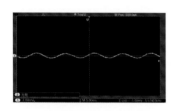

图20　残留噪声波形（2mV/div，5ms/div）

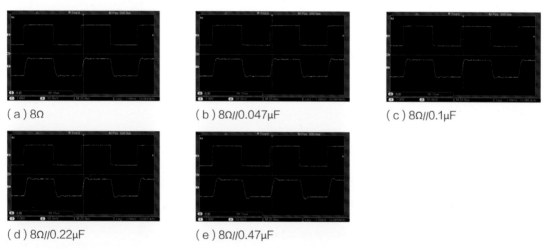

（a）8Ω　　　　　　　　　（b）8Ω//0.047μF　　　　　　　　（c）8Ω//0.1μF

（d）8Ω//0.22μF　　　　　　（e）8Ω//0.47μF

图21　容性负载的10kHz方波响应[输入（蓝）0.1V$_{p-p}$，1V/div，输出（黄）50mV/div，250μs/div]

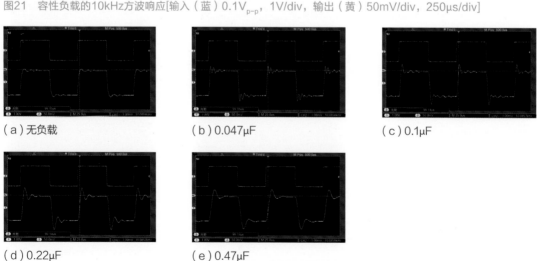

（a）无负载　　　　　　　　（b）0.047μF　　　　　　　　　（c）0.1μF

（d）0.22μF　　　　　　　　（e）0.47μF

图22　纯电容负载的10kHz方波响应[输入（蓝）0.1V$_{p-p}$，1V/div，输出（黄）50mV/div，250μs/div]

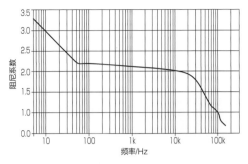

图23 阻尼系数（8Ω）

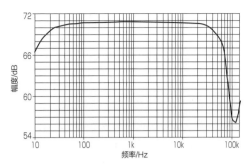

图24 声道分离度（8Ω）

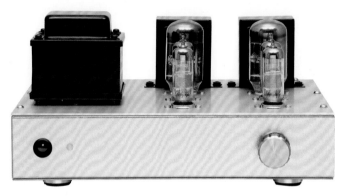

图25 LEAD机箱成品正视效果

 知识延伸

对无反馈放大器施加负反馈

本机增益 24.5dB，因此可以引入 6dB 负反馈，提升性能。

采用阴极负反馈，即将变压器次级（或专门的绕组）串接至功率放大管阴极电路。结合本机，构成负反馈的必要条件是，反馈信号与功率放大管输入（栅极）信号同相，即将输出变压器初级反接。负反馈接入点为输出变压器次级 1Ω—16Ω 端子，接入端阻抗越高，反馈量越大。最佳反馈量按喜好选择即可。阴极负反馈无需频率补偿元件。

长岛胜

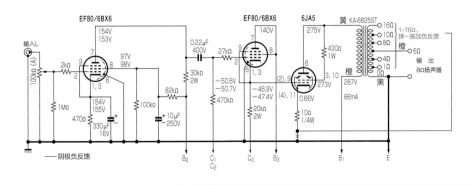

2020年12月发表

差动放大，甲类推挽，最大输出功率8.5W

6T10推挽功率放大器

岩村保雄

　　6T10 是一种电视机伴音电路用双五极复合小型电子管。本机使用 4 支 6T10 搭配 TAKACHI 电机工业制 EX 系列机箱，制成了一台外形干练的中等功率推挽功率放大器，–1dB 通频带为 10Hz ～ 48kHz，输出功率 8.5W。

实物配线图

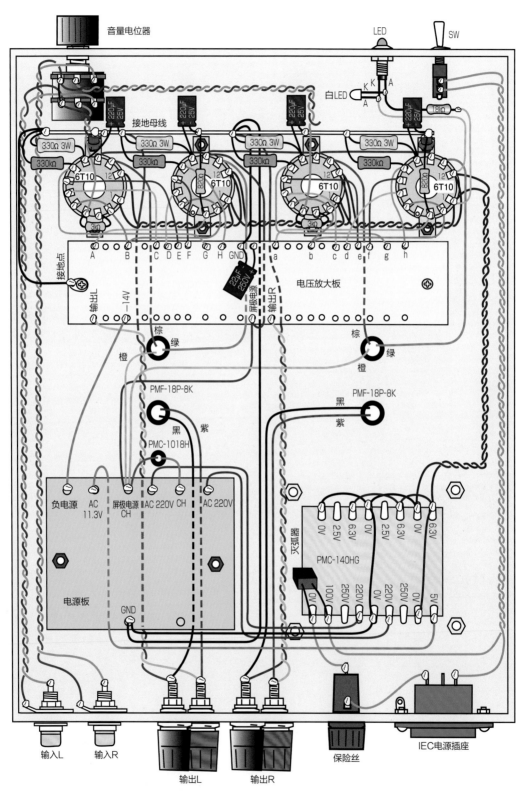

电压放大板与电源板的实物配线图

机箱内部配置

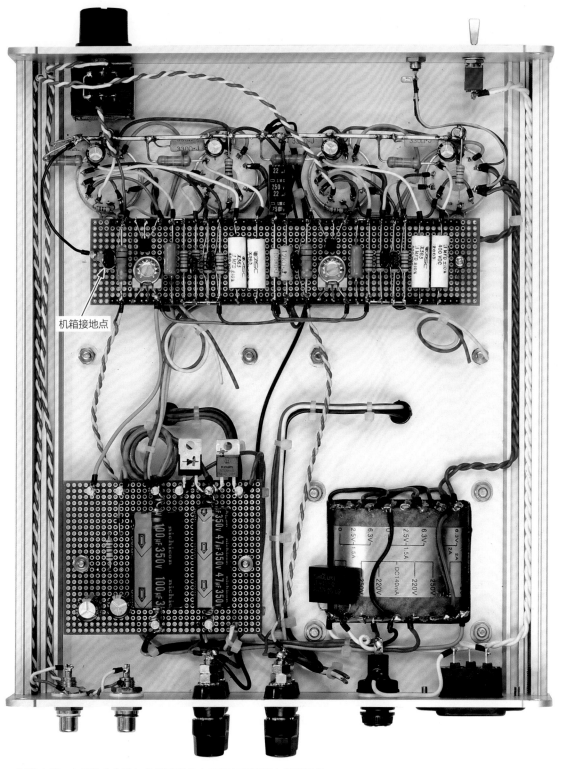

机箱接地点

机箱内部。电压放大电路与电源电路集中安装在电路板上以单元化

全部使用五极管的推挽放大器

6T10为双五极复合小型管，内含两个性能不同的五极管：一单元是功率五极管（束射四极管），二单元是锐截止五极管。6T10原设计用于电视机伴音电路，锐截止五极管对调频信号进行鉴相，功率五极管对音频信号进行功率放大。

说起全部使用五极管的推挽功率放大器，笔者立即想到使用了EF86和KT66的QUAD Ⅱ。QUAD Ⅱ电路设计精妙，但难以理解，尤其是输出变压器难以自制。为了解决上述矛盾，笔者参照其设计思路，使用市售通用输出变压器，设计了本机电路。

本机每个声道使用两只6T10，一单元构成推挽功率放大电路，二单元构成电压放大与倒相电路。最大输出功率约8.5W，能够推动低灵敏度音箱。

笔者一直提倡自制放大器也应注重外观，本机使用TAKACHI电机工业制EX系列铝型材机箱，外观达到了商品级。内部元器件大部分安装在端子板上，并以端子板为中心配线，使得机箱内部非常简洁。

使用的元器件和电路设计

6T10作为电视机专用复合管，因生产厂商多，库存量较大，现在仍可以低价买到。RCA制6T10外观优美（图1），很早就吸引了笔者的注意。与GE制6T10相比，参数基本相同，只是其一单元改成了束射四极管结构。6T10的典型应用值见表1，规格如图2所示。

图3所示为一单元的屏极输出特性曲线（典型应用值）。

为了保持长期稳定工作，根据甲类推挽电路结构与电源变压器次级绕组电压，综合确定直流工作点：屏压265V，屏流27mA，帘栅流2mA，栅极偏压-9.5V，屏极耗散功率7.2W，阴极电阻实际选330Ω，配输入阻抗8kΩ的输出变压器。（工作点比甲类单端电路稍低）

输出变压器选用GENERAL TRANS制PMF-18P-8K型，额定输出功率18W，特性和接线图如图4所示。PMF-18P-8K的初级绕组含超线性抽头，次级绕组有多个输出端，可匹配多种输出阻抗。初级不平衡电流允许值达10mA，这意味着一般可省略直流平衡调节电路，

图1　使用的电子管6T10（RCA）

表1　6T10的最大值和典型应用值（摘自GE数据手册）

参　数		一单元（甲类单端）	二单元（电压放大）
灯丝电压 E_h/V		6.3	
灯丝电流 I_h/A		0.95	
最大值	屏极电压 E_p/V	275	330
	屏极耗散功率 P_p/W	10	1.7
	帘栅极电压 E_{g2}/V	275	330
	帘栅极耗散功率 P_{g2}/W	2	1.1
	灯丝－阴极耐压 E_{h-k}/V	DC 100，DC+AC 200	
典型应用值	屏极电阻 r_p/Ω	10	150
	跨导 g_m/mS	6.5	1.0
	屏极电压 E_p/V	250	250
	屏极电流 I_p/mA	35	1.3
	帘栅极电压 E_{g2}/V	250	100
	帘栅极电流 I_{g2}/mA	2.5	2.1
	控制栅极电压 E_{g1}/V	-8	偏压电阻560Ω
	负载电阻 R_{Lpp}/kΩ	5.0	—
	最大输出功率 P_{omax}/W	4.2	—

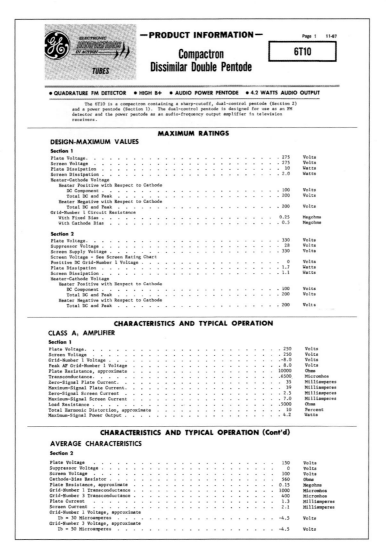

图2　6T10的规格（摘自GE数据手册）。在RCA数据手册中，一单元是束射四极管

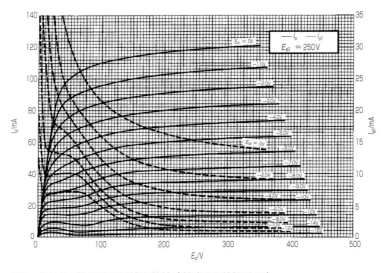

图3　6T10一单元的屏极输出特性（摘自GE数据手册）

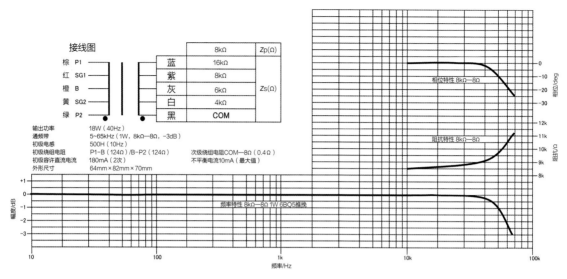

图4 PMF-18P-8K型输出变压器的特性和接线图（根据GENERAL TRANS的资料）

并降低电子管配对要求，这样可简化电路，对小型放大器是十分有利的。当然，对电子管严格配对更好，失真率更低。

电压放大与倒相级，使用6T10（二单元）锐截止五极管。6T10（二单元）的屏极输出特性曲线如图5所示。两只五极管构成长尾式单输入－单输出差动放大电路，上管为同相输出，下管为反相输出，同时完成电压放大与倒相（反馈信号接入了另一个输入端）。

屏流设定为1mA，则屏极电阻为68kΩ，帘栅极电阻为120kΩ。这时，屏极电压为95V，帘栅极电压71V，帘栅流0.8mA。上下单元的帘栅极通过电容相连，获得交流平衡。使用恒流源代替阴极公共电阻，稳定电流的同时还提高了阻抗，提高了共模抑制比。恒流源由N沟道结型场效应晶体管2SK117BL构成，如果买不到，可使用2SK246BL（注意：引脚左右相反）。

单输入－单输出差动放大电路的电压增益是单管放大电路的一半，输出波形如图6所示。

电源变压器使用GENERAL TRANS制PMC-140HG型。灯丝电路，三组6.3V绕组并联供电，电流约3.8A。高压电源使用双220V绕

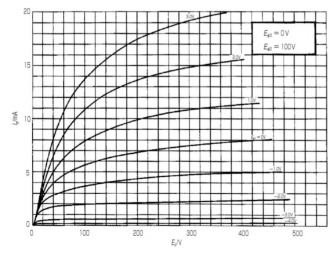

图5 6T10二单元的屏极输出特性（根据GE资料）

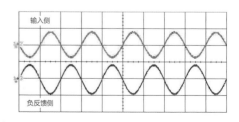

图6 差动放大上下两单元的屏极电压波形

组，晶体二极管全波整流。负压由空闲的 5V 灯丝绕组串接 6.3V 绕组，半波整流获得。

全波整流二极管反向耐压要达到交流输入电压的 3 倍，故选用碳化硅二极管 SCS105KGC（1200V，5A）。半波整流二极管反向耐压要达到交流输入电压的 1.5 倍，故选用硅二极管 11EQS03L（30V，1A）。

扼流圈笔者选用了外形与输出变压器相同的 GENERAL TRANS 制 PMC-1018H 型（串联 10H/180mA），额定电流低一个级别的扼流圈也可以使用。滤波电解电容选用轴向型，以便安装在电路板上。

为了让放大器稳定工作，电压放大管栅极串联 3kΩ 防振电阻。为了改善高频端的幅频特性，电压放大级的 68kΩ 屏极电阻并联 200pF 超前

补偿电容，20kΩ 负反馈电阻并联 75pF 超前补偿电容。

根据后面的测量结果进行分析改善，实际制作的电路原理图如图 7 所示，零件清单见表 2。

制作步骤

机箱选用 TAKACHI 电机工业制 EX23-5-27 型，其顶板与底板是 2.5mm 厚 U 形铝型材，前后面板为 3mm 厚铝板。请按照图 8 所示的机箱加工尺寸打孔，同时参考图 9、图 10。

整机装配，先将各个零件安装到对应的面板上，再拼装成整体机箱。机箱过线孔处必须安装塑胶护线圈。

电压放大电路与电源电路均安装在电路板上，

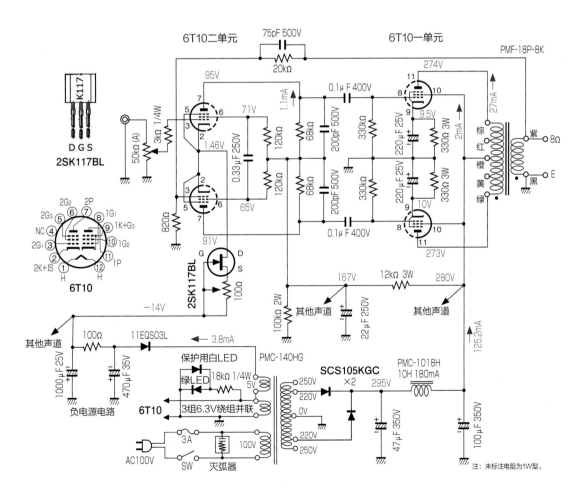

图7　本机电路原理图（省略一个声道）

表2 零件清单

零 件	型号 / 规格	数 量	品 牌	规格说明
电子管	3T10	4	Classic Components	RCA 等
电子管座	小 12 脚	4	TECSOL	
FET	2SK117BL	2		已停产，参考正文
二极管	碳化硅肖特基势垒，SCS105KGC	2	秋月电子通商	ROHM，屏极高压电源整流（1200V/5A）
	硅肖特基势垒，11EQS03L	1	秋月电子通商	京瓷，负电源整流（30V/1A）
变压器类	电源变压器，PMC-140HG	1	GENERAL TRANS	
	输出变压器，PMF-18P-8K	2	GENERAL TRANS	
	扼流圈，PMC-1018H-B	1	GENERAL TRANS	10H/180mA
电 容	200pF　　500V	4	海神无线	云母型，相位补偿
	75pF　　500V	2	海神无线	云母型，相位补偿
	0.1μF　　400V	4	海神无线	ASC X363，耦合
	100μF　　350V	1	海神无线	圆柱形，尼吉康 TVX，屏极高压电源滤波
	47μF　　350V	1	海神无线	圆柱形，尼吉康 TVX，屏极高压电源滤波
	0.33μF　　250V	2		日立 AIC 聚酯型，帘栅极偏压
	22μF　　250V	1		立式，日本贵弥功 SMG，退耦
	470μF　　35V	1		立式，日本贵弥功 SMG，负电源滤波
	220μF　　25V	4		立式，日本贵弥功 SMG，功率放大级旁路
	1000μF　　25V	1		立式，日本贵弥功 SMG，负电源滤波
电 阻	330kΩ　　1W	4	海神无线	碳膜型，栅漏
	68kΩ，120kΩ　1W	各 4	海神无线	金属膜型，电压放大级屏极、帘栅极
	820Ω　　1W	2		金属膜型，电压放大级控制栅极
	330Ω　　3W	4		金属氧化膜型，功率放大级阴极电阻
	100kΩ　　2W	1		金属氧化膜型，泄放电流
	12kΩ　　3W	1		金属氧化膜型，退耦
	20kΩ　　1W	2	海神无线	碳膜型，反馈
	3kΩ　　1/4W	2	海神无线	碳膜型，电压放大级输入
	100Ω　　1W	1		金属膜型，负电源滤波
	18kΩ　　1/4W	1		LED 用，种类不限
可变电阻	音量电位器50kΩ（A）双联	1	海神无线	Alps Alpine RK-27112A
	半固定电阻100Ω	2	海神无线	NIDEC Components RJ-13S
输入输出端子	扬声器端子 UJR-2650G（红，黑）	各 2	门田无线	
	RCA 插座 C-60（红，白）	各 1	门田无线	
	IEC 电源插座 EAC-301	1	门田无线	
机 箱	EX23-5-27	1	SS 无线	TAKACHI 电机工业
电路板				电压放大级用，电源电路用
旋 钮	佐藤部品 K4071	1	门田无线	音量电位器用（根据喜好）
小型钮子开关	单刀单掷	1	门田无线	NIDEC Components 8A-1011 亦可
绿色 LED	CTL601	1		φ6.2mm
白色 LED		1	秋月电子通商	
保险丝座	含 3A 保险丝	1		佐藤部品，F-7155
立式端子	高约 17mm	2		TIGHT 制和 Bakelite 制均可
电路板焊接插针		8	门田无线	
40 脚单排针		2	门田无线	2.54mm 孔距，参考正文
支撑柱	（母 - 母）φ3mm，长 20mm	2	西川电子部品	
	（公 - 母）φ4mm，长 15mm	2	西川电子部品	
灭弧器		1		指月，AC 250V
塑料护线圈		4	西川电子部品	安装孔 φ9.5mm
		1	西川电子部品	安装孔 φ8mm
电 线	AWG 20、AWG 22 各 5 色	各 2m		
镀锡线	φ2mm	50cm		
扎 带	8cm	适 量	西川电子部品	
橡胶垫脚	φ23mm	4	西川电子部品	
螺 钉	M3、M4，长 10mm，配螺母	适 量	西川电子部品	扁头，圆头

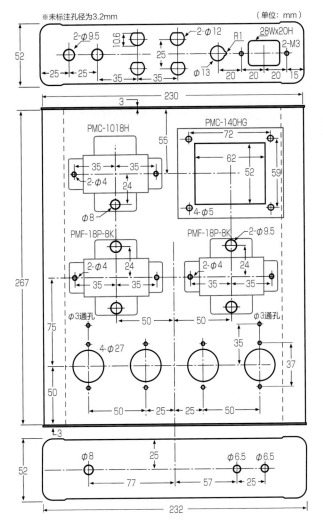

图8 机箱加工尺寸

图9 机箱顶板布局。电子管和变压器前后安装

图10 本机的背面，简洁实用。字符为透明贴纸

实物配线如图 11、图 12 所示。电路板两侧焊接排针作支撑，并按阻容件的安装间距拔除不需要的针脚，实物照片如图 13、图 14 所示。

机箱内部配线从管座开始。ϕ2mm 镀锡接地母线安装在固定管座的螺钉上，如图 15 所示。注意接地母线与音量电位器的间距。接地母线在左侧与电压放大板固定螺钉相连接。

信号电路用 AWG 22 导线，电源电路用 AWG 20 导线，

电压放大电路与电源电路参照实物配线图（图 11 和图 12）配线，如图 16 ~ 图 20 所示。

配线完成后一定要仔细检查，确信无误后方可插入电子管。通电前，将电压放大板上恒流源电流调节电位器调至中间位置。通电后调整该电位器，使电压放大管屏极电压（电压放大板 E、F、e、f）为 90V，同时确认电路原理图（图 7）中标记的各处电压。6T10 的个体差异较大，各处电压偏差在标准电压 10% 以内均可接受。

测 量

完全关闭输入电位器时，残留交流声为 0.61mV，几乎听不到。开环与施加 10.4dB 负反馈的输入输出特性（1kHz 下测量）如图 21 所示。施加负反馈时，输入电压 0.6V 对应最大输出功率 8.5W（失真率 4%）。

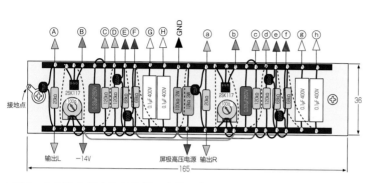

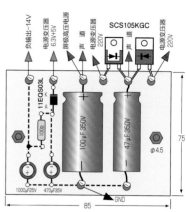

图11 电压放大板实物配线图。虚线是电路板反面配线。大写字母是左声道,小写字母是右声道

图12 电源板实物配线图,虚线表示电路板反面的配线

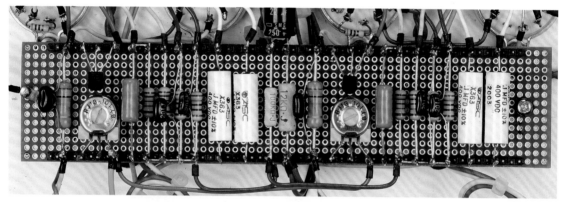

图13 利用电路板和排针制作的电压放大板。电路板用20mm支撑柱固定到机箱上,左侧安装螺钉为接地点

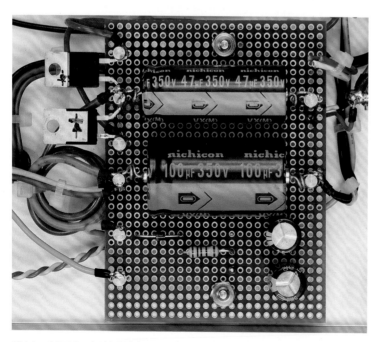

图14 电源板。电路板通过15mm支撑柱固定在扼流圈安装螺钉上

图15 接地母线周边（拆掉前面板拍摄）

图16 信号线与电源线分别配置在机箱两侧，并嵌入机箱两边的凹槽中

图17 电源板的安装状态。整流二极管标注极性，防止错装

图18 后面板配线。为防止引入噪声，请参照配线

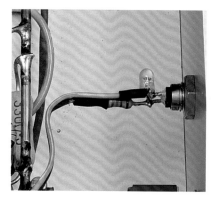

图19 使用交流电点亮LED时，需反向并联二极管保护

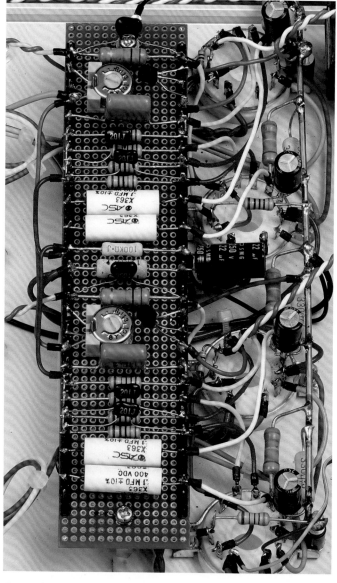

图20 电压放大板和管座的配线：将电路板放在机箱内确认各配线的长度→将配线一端焊接在管座端→安装电路板→将配线另一端焊接至指定引脚

输出 1/2W 时的幅频特性如图 22 所示。-1dB 通频带 < 20Hz ~ 45kHz 的性能很好。

用通断法测量阻尼系数，30Hz ~ 7kHz 的阻尼系数约为 2.5（图 23），大小适当。

开环放大器与负反馈放大器的 1kHz 信号的失真率比较如图 24 所示。可以看出，引入负反馈后失真率降低了 1/3 左右。负反馈放大器输出 0.1W 时的失真率为 0.1%，输出 1W 时的失真率为 0.25%。

方波响应波形

纯电阻负载 8Ω 时的各个频率的方波响应波形如图 25 所示。

信号频率为 10kHz 时，无负载与容性负载的方波响应波形如图 26 所示。

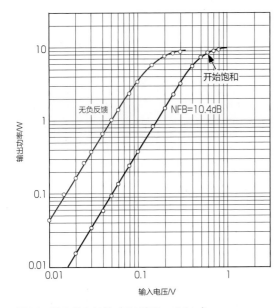

图21 输入输出特性（8Ω输出，1kHz）

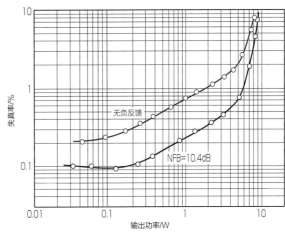

图22 幅频特性（0dB=1/2 W）

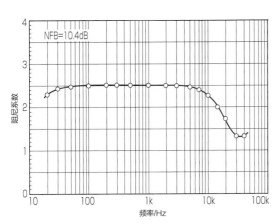

图23 阻尼系数

图24 1kHz信号的失真率特性（使用400Hz低通滤波器与30kHz高通滤波器）

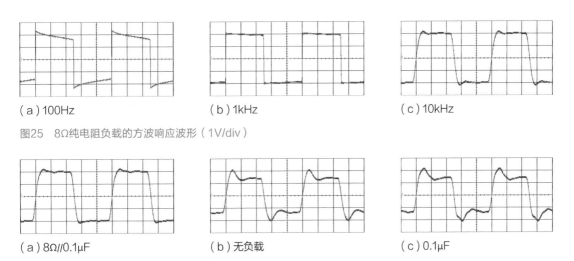

（a）100Hz   （b）1kHz   （c）10kHz

图25 8Ω纯电阻负载的方波响应波形（1V/div）

（a）8Ω//0.1μF   （b）无负载   （c）0.1μF

图26 无负载与容性负载的10kHz方波响应波形（1V/div）

试听及总结

最终成品外观如图 27 所示。

笔者用小型扬声器（Acustik-Lab Bolero）试听，声音的诠释强而有力，如实还原。

差动输入推挽放大电路的对称性能够抵消失真，使用五极管作功率放大时，也可以用少量负反馈实现低失真率。但本机的失真率，在信号频率 10kHz 时为 0.3%（0.1W），比信号频率 100Hz 和 1kHz 时要大，可能是恒流源电路所用场效应管高频性能不佳所致。

本机电路十分优秀，在不修改主要零件的前提下，功率放大管可改为三极管接法或使用三极管。

图27　前面并排4支同形电子管，给人留下深刻印象

知识延伸

改造成另一台放大器

实物配线图上，4 支 6T10 周围的配线较多，可能有人觉得无从下手。但仔细观察配线可知，电路呈对称关系，配线并没有看起来那么复杂。

保持本机大部分零件不变，微作改造就可以打造出另一台完全不同的放大器。最简单的例子是增加红色的 100Ω 电阻，即功率放大管采用三极管接法。采用三极管接法后，可取消负反馈，体验无反馈的音质。

也可以增加绿色配线，即功率放大管采用超线性接法。超线性接法的输出特性介于五极管标准接法和三极管接法之间。通过调节反馈系数，获得合适的整机增益。

岩村保雄

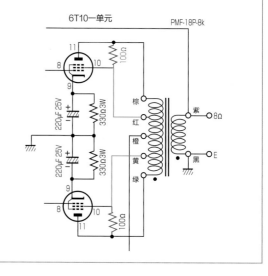

2020年4月发表

制作简单的推挽放大器

19AQ5超线性接法推挽功率放大器

岩村保雄

19AQ5 是 6AQ5 系列串接灯丝管，灯丝规格为 0.15A（18.9V）。6AQ5 则是 6V6GT 小型化产品，由此可见，使用 19AQ5 制作放大器一定会得到令人期待的声音。电压放大与倒相使用一支双三极管 12AU7。机箱采用金属机箱与木质面板结合的设计，整机充满高级感。最大输出功率约 2W，−1dB 通频带为 10Hz ~ 55kHz，阻尼系数为 2.4。

实物配线图

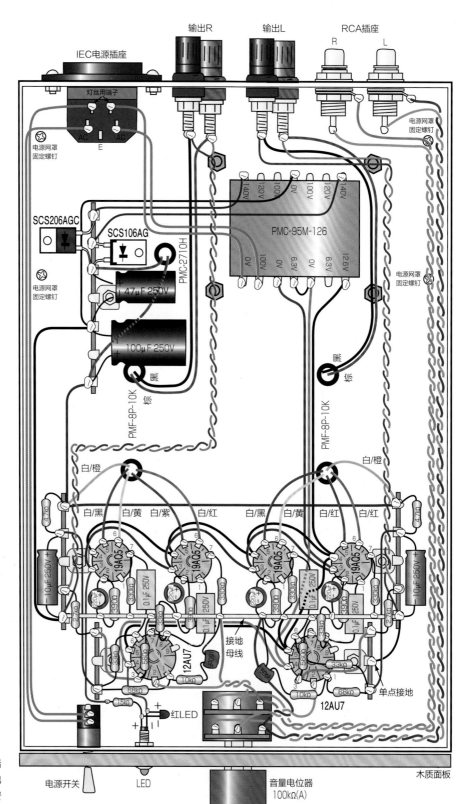

接地母线跨接在端
子架之间，机箱接地
点设在右侧端子架安
装螺钉处

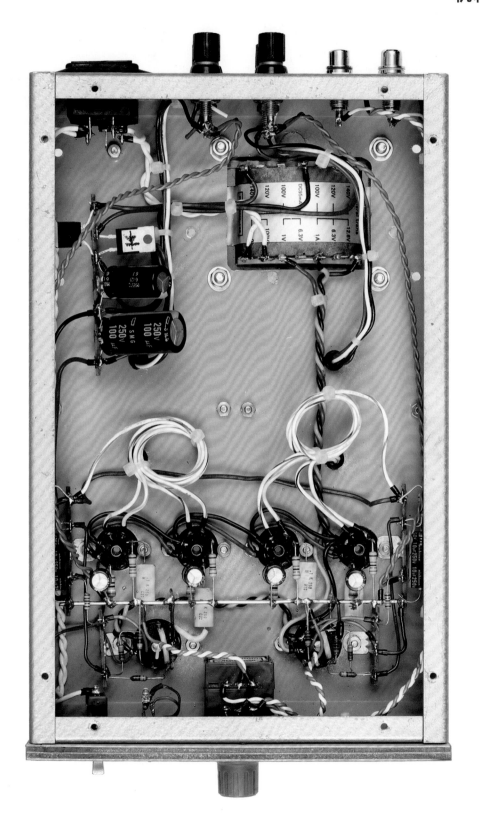

电压放大管和功率放大管都是小9脚管，机箱内部略显拥挤

有效利用不同灯丝规格的电子管

19AQ5 是为无灯丝变压器电路设计的串接灯丝管，灯丝电流为 0.15A。本机共使用 6 支电子管，串接后灯丝电压为 18.9×4+12.6×2=100.8（V），恰好与日本市电电压吻合。因此，笔者一开始计划制作无电源变压器放大器。为避免触电，需加入 100V—100V 隔离变压器，没想到的是隔离变压器很贵，只能放弃。最后笔者向 GENERAL TRANS 定制了含 12.6V 和 6.3V 绕组的电源变压器，制成了便宜的小型放大器。6AQ5 系列其他电压规格的产品，也可照此思路选择合适的变压器。

电路设计

6AQ5 系列电子管的跨导较高，设计一级电压放大电路即可满足要求。故本机使用双三极管，一支作电压放大，一支作屏阴分割倒相，两级直接耦合。

6AQ5 系列电子管标准接法、屏压 250V 时，单端输出约 4.5W，推挽输出约 10W。标准接法时，输出阻抗必然很大，导致阻尼系数过低，故需要整机电路有较高的增益，并引入较深的负反馈补偿这一问题。不过，这与本机定位"音质良好的小功率放大器"相悖。

权衡利弊后，笔者决定采用功率放大管作超线性接法与低反馈量大环路负反馈相结合的电路架构。这样既可以保证一定的阻尼系数，又可以补偿电子管参数离散性对电路的影响，一举两得。

制造商并没有提供 6AQ5 超线性接法输出特性曲线与典型应用，笔者只能参照 6V6GT 三极管接法的特性（详见《6V6GT 超线性接法推挽放大器》，《MJ 无线与实验》2019 年 12 月刊），并以此为基础计算 43% 超线性接法的屏极特性，如图 1 所示。由图可知，6V6GT 三极管接法放大系数 μ=9.5，内阻 2kΩ；超线性接法放大系数 μ=22，内阻 5.3kΩ。

因 6AQ5 是 6V6GT 小型化产品，故参照6V6GT 决定工作点：屏极 150V，屏流 22mA，负载线 10kΩ/4=2.5kΩ。

根据图 1，屏极电压在 150～25V 变化，等效有效值为 88.4V，理论输出功率为 88.4V×88.4V÷2.5kΩ ≈ 3.13W，考虑到小型输出变压器的效率较低，实际输出功率在 2W 左右。

超线性接法是交流反馈，确定直流工作点时与三极管接法相同。根据图 1 所示的三极管接法输出特性曲线确定栅压为 -8.0V。自偏压阴极电阻为 8.0V÷22mA ≈ 364Ω，按 E24 系列取值为 390Ω。

6AQ5 系列电子管标准接法推挽放大的负载阻抗典型应用值为 10kΩp-p（表 1），6V6GT

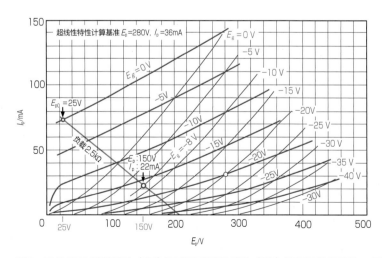

图1　6V6GT三极管接法（红）和43%超线性接法（蓝）的屏极输出特性。负载线2.5kΩ

表1　19AQ5（6AQ5）/12AU7的最大值和典型应用值

参　数		19AQ5（6AQ5）		12AU7（并联）
		甲　类	甲乙1类推挽	甲　类
灯丝电压 E_h/V		18.9（6.3）		12.6（6.3）
灯丝电流 I_h/A		0.15（0.45）		0.15（0.3）
最大值	屏极电压 E_p/V	250		300
	屏极耗散功率 P_p/W	12		2.75
	阴极电流 I_k/mA			20
	帘栅极电压 E_{g2}/V	250		—
	帘栅极耗散功率 P_{g2}/W	2		—
	灯丝–阴极耐压 E_{h-k}/V	DC+AC 200，DC 90		±180
典型应用值	放大系数 μ			17
	屏极内阻 r_p/kΩ	58		7.7
	跨导 /mS	3.7		2.2
	屏极电压 E_p/V	180	250	250
	屏极电流 I_p/mA	29	70	10.5
	帘栅极电压 E_{g2}/V	180	250	—
	帘栅极电流 I_{g2}/mA	3	5	—
	控制栅极电压 E_{g1}/V	−8.5	−15	−8.5
	负载电阻 R_{Lp-p}/kΩ	5.5	10	—
	最大输出功率 P_{omax}/W	2（失真率5%）	10（失真率5%）	—
	数据来源	RCA（GE）		PHILIPS

超线性接法推挽放大的负载阻抗典型应用值为12kΩ$_{p-p}$。但它们的工作点和负反馈量与本机均不同，故笔者通过修改负载电阻的方法（4～20Ω），确定了6AQ5系列电子管超线性接法推挽放大的负载特性，如图2所示。实验表明，负载电阻在12Ω时，输出功率最大为2.1W（失真率4%），换算得6AQ5系列电子管超线性接法推挽放大最佳负载阻抗为15kΩ$_{p-p}$。

选择电压放大管。功率放大电路工作在甲乙1类，最大信号电压是8V÷$\sqrt{2}$ ≈ 5.66V$_{rms}$。放大器输入电压为0.775V$_{rms}$，所需的电压放大级增益为5.66V÷0.775V ≈ 7.3倍。考虑到需要引入适当的负反馈，电压放大管选μ=17的12AU7较为合适。

确定阻尼系数。超线性接法功率放大管的内阻约为5.3kΩ，与输出变压器直流电阻一并折算至8Ω端的内阻为18.23Ω，阻尼系数为8÷18.23 ≈ 0.44——需要提高。

综上，本机负反馈电路分两路：一路是取消电压放大管自偏压电阻的旁路电容，利用自偏压电阻形成的电流串联负反馈；一路是大环路负反馈，从输出端引入电压串联负反馈，提高阻尼系数。

为了使放大器的阻尼系数达到2.5左右，本机设定大环路负反馈电阻 R_f=2.7kΩ，对应的负反馈量约为6.5dB。为了避免接容性负载时发生高频振荡，在倒相管栅极并联由150pF电容串联10kΩ电阻构成的滞后补偿电路。

最终确定的电路原理图如图3所示。

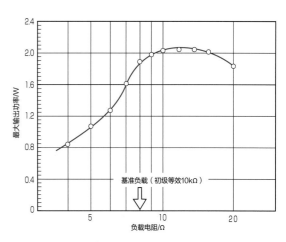

图2　本机的最佳负载特性

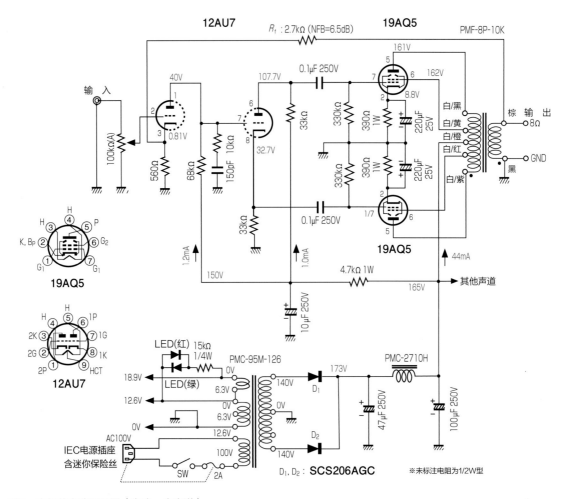

图3　本机的电路原理图（省略一个声道）

使用的元器件

　　功率放大管使用的是英国 Brimar 制 19AQ5
（图4），管内壁喷碳，外形小巧精悍。当然，
也可以替换为常见的 6AQ5 或其高可靠性型号
6005。改用 6.3V 灯丝电子管时，电源变压器可
使用标准品 PMC-95M 型。6.3V/2A 绕组接功
率放大管，6.3V/1A 绕组接电压放大管（12AU7
灯丝并联）。

　　电压放大管使用的是东芝制 12AU7（图4），
也可根据喜好选择。

　　输出变压器使用的是 GENERAL TRANS
制 PMF-8P-10K 型。该输出变压器为推挽结
构，其特性和接线图如图5所示。初级绕组阻抗
为 10kΩp-p，42% 超线性抽头，次级阻抗为常见

图4　使用的电子管。左边是12AU7（东芝），右边是
19AQ5（Brimar）

的 4Ω，8Ω，16Ω。

电源变压器使用的是 GENERAL TRANS 制 PMC-92M 型改制品：灯丝绕组由 6.3V/2A、6.3V/1A 改为 12.6V/1A、6.3V/1A，其余不变。12.6V 绕组供 12AU7 灯丝，12.6V 绕组与 6.3V 绕组串联后供 19AQ5 灯丝。12AU7 灯丝电流 0.15A×2，19AQ5 灯丝电流 0.15A×4，均在电源变压器额定值之内。

屏极高压电源为全波整流 *CLC* 滤波结构，输出电压为 165V（90mA）。整流二极管选碳化硅 SCS206AGC 型，扼流圈用 GENERAL TRANS 制 PMC-2710H 型（2.7H/100mA，DCR=85Ω）。滤波电路入口滤波电容为 47μF，出口滤波电容为 100μF。

信号耦合电容选用日立制 MTB 系列 0.1μF/250V 电容。

机箱使用的是奥泽制 O-46 无孔型（250mm×160mm×50mm，铝板厚 1.5mm）。该机箱是点焊成型的，侧面连接处的缝隙不太美

观。于是，笔者使用木板遮挡缝隙，以呈现高级感（图 6、图 7）。也可以根据喜好选择其他前面板。

机箱按照图 8 开孔后，喷涂了银色锤纹漆。

后面板的端子配置如图 9 所示。

电源网罩由冲孔铝板与椴木胶合板制成（图 10、图 11），根据喜好制作即可。

主要零件见表 2，供读者参考。

制作步骤

首先安装前后面板上的电源开关、音量电位器、接插件等。装饰木板用双面胶固定后，在背面用螺钉紧固，指示灯支架固定在木制面板中（图 7）。最后安装较重的电源变压器、扼流圈和输出变压器。

6P 端子架借助扼流圈安装螺钉固定，供电源电路用。2P 端子架和 4P 端子架分别借助管座安装螺丝固定在两侧，供信号电路用。接地母线为

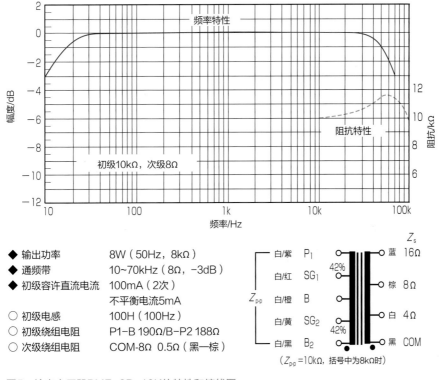

◆ 输出功率　　　8W（50Hz，8kΩ）
◆ 通频带　　　　10~70kHz（8Ω，−3dB）
◆ 初级容许直流电流　100mA（2次）
　　　　　　　　不平衡电流 5mA
○ 初级电感　　　100H（100Hz）
○ 初级绕组电阻　P1-B 190Ω/B-P2 188Ω
○ 次级绕组电阻　COM-8Ω 0.5Ω（黑—棕）

图5　输出变压器PMF-8P-10K的特性和接线图

89

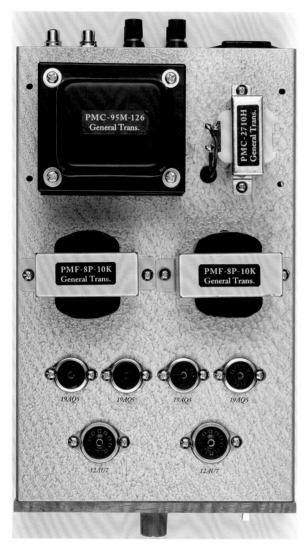

图6 机箱顶部零件配置

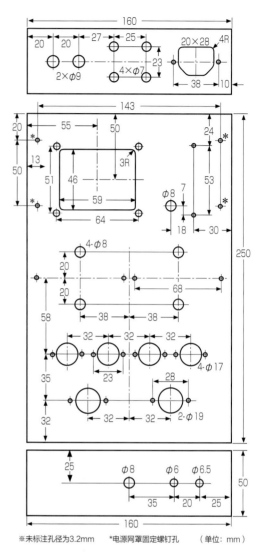

图8 机箱加工尺寸（奥泽O-46）

※未标注孔径为3.2mm　*电源网罩固定螺钉孔　（单位：mm）

图7 开孔后的木板

图9 本机后面板。小型放大器选用内置保险丝型电源插座，可节省空间

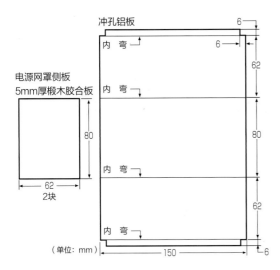

图10 电源网罩加工尺寸

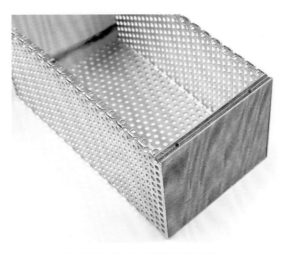

图11 左右两边搭配椴木胶合板的电源网罩

φ2mm 镀锡线，跨接在两排管座中间。具体固定位置可参考实物配线图、机箱内部配置照片和图 12、图 13。

配线从电源电路开始，电源插座选用含保险丝座的产品（ECHO 电子，AC-PF01-HF），注意识别脚位（参考图 14）。

高压整流滤波电路全部安装在 6P 端子架上，如图 15 所示。

配线结束后需仔细检查，确信无误后方可插入电子管。接通电源，用万用表测量电路图上标注的电压。各处电压偏差在 10% 以内视为合格，之后就可以试听喜欢的歌曲，感受自己打造的声音了。

测 量

功率放大管 19AQ5 的屏－阴电压为 152V（161V-9V），屏极电流为 22mA，屏极耗散

图12 信号电路配线。接地设置在左侧2P端子架中间

表2 主要零件清单

零件	型号/规格		数量	品牌	规格说明
电子管	19AQ5		4	Classic Components	Brimar 等
	12AU7		2	Classic Components	松下、EH 等
电子管座	小7脚模制		4	门田无线	QQQ，可买到的优质产品
	小9脚模制		2	门田无线	QQQ，可买到的优质产品
二极管	碳化硅肖特基势垒，SCS206AGC		2	秋月电子通商	650V/6A，ROHM
变压器类	电源变压器，PMC-95M-126		1	GENERAL TRANS	定制
	输出变压器，PMF-8P-10K		2	GENERAL TRANS	
	扼流圈，PMC-2710H		1	GENERAL TRANS	2.7H/100mA
电容	100μF	250V	1	海神无线	立式，日本贵弥功 SMG，屏极高压电源滤波
	47μF	250V	1	海神无线	立式，日本贵弥功 SMG，屏极高压电源滤波
	10μF	250V	2	海神无线	圆柱形，尼吉康 TVX，退耦
	220μF	25V	4	海神无线	立式，日本贵弥功 SMG，功率放大级旁路
	0.1μF	250V	4	海神无线	薄膜型，MTB，耦合
	150pF		2	海神无线	云母型，相位补偿
电阻	560Ω，68kΩ	1/2W	各2	海神无线	金属膜型，电压放大级阴极、屏极电阻
	33kΩ，330kΩ	1/2W	各4		金属膜型，屏阴分割电阻，功率放大级栅极电阻
	390Ω	1W	4		金属氧化膜型，功率放大级阴极电阻
	4.7kΩ	1W	2		金属氧化膜型，退耦电阻
	2.7kΩ，10kΩ	1/2W	各2	海神无线	金属氧化膜型，R_f，相位补偿
	15kΩ	1/4W	1	海神无线	LED用，种类不限
可变电阻	音量电位器100kΩ（A）双联		1	门田无线	Alps Alpine RK-27112
扬声器端子	CP-212（红，黑）		各2	MARUTSU	AMTRANS
RCA插座	C-60（红，白）		各1	门田无线	TOMOCA
IEC电源插座	AC-PF01-HF		1	门田无线	ECHO，内置迷你保险丝
机箱	奥泽 O-46		1	GENERAL TRANS	250mm×160mm×50mm
旋钮	佐藤部品 K-4071		1	门田无线	音量电位器用（根据喜好）
小型钮子开关	单刀双掷		1	门田无线	FUJISOKU 8A-1011
绿色LED指示灯	CTL-601		1		φ6.2mm
红色LED	φ3mm		1		绿色 LED 保护
立式端子架	立式端子架，1L6P		1		佐藤部品，L-590，电源电路
	立式端子架，1L4P		1		佐藤部品，L-590，退耦
	1L2P		1		佐藤部品，L-590，电压放大级
冲孔铝板	1mm 厚		1		150mm×216mm
椴木胶合板	5mm 厚		适量		参考正文
装饰面板	根据喜好		适量		参考正文
塑料护线圈	φ8mm		5	西川电子部品	扼流圈，输出变压器用
镀锡线	φ2mm		0.5m		指月，AC 250V
电线	#20，5色		各2m		
扎带	8cm		适量	西川电子部品	扎带
橡胶垫脚	φ23mm		4	西川电子部品	
螺钉	M3×10mm，配螺母		适量	西川电子部品	
自攻螺钉	φ2.6×8mm		适量	西川电子部品	

图13 电压放大管12AU7周边的零件较多,功率放大管19AQ5管座周边的零件较少,安装时要注意合理分配零件之间的间距

图14 后面板的配线情景。电源、灯丝、输入、输出的配线需绞合

图15 高压电源电路

功率 + 帘栅极耗散功率约 3.3W——只有额定屏极耗散功率 12W 的 27.5%,裕量很大。

音量电位器关闭状态,左右声道的残留交流声均为 0.08mV。

输入输出特性如图 16 所示。输入电压为 1.5V 时获得最大输出功率 1.9W(失真率 4%),灵敏度略低。

输出 1/4W 时的幅频特性如图 17 所示。−1dB 通频带为 10Hz ~ 55kHz,充分够用。受输出变压器绕组结构限制,幅频特性曲线在 120 ~ 170kHz 区间出现转折。施加大环路负反馈,接容性负载时会发生振荡,需增加补偿电路。

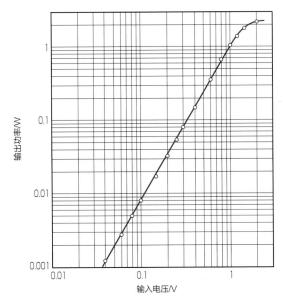

图16 输入输出特性(8Ω输出,1kHz)

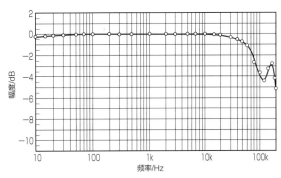

图17 幅频特性(0dB=1/4W)

93

用通断法测量阻尼系数，20Hz ~ 10kHz 区间的阻尼系数为 2.4（图 18）——对小功率放大器而言是个合适的指标。过分增大阻尼系数会凸显功率不足，得不偿失。这一点与耳机放大器是有区别的。

笔者测量了信号频率 1kHz 时的失真率特性（使用 400Hz 低通滤波器和 80kHz 高通滤波器），如图 19 所示。超线性接法与大环路负反馈能明显改善中小功率的失真率，超过 1.5W 时会迅速恶化。

方波响应波形

8Ω 纯电阻负载的 100Hz、1kHz、10kHz 方波响应波形如图 20 所示，容性负载的 10kHz 方波响应波形如图 21 所示。接 0.1μF 容性负载时产生了大振铃，引入滞后补偿后很快收敛，能够稳定工作。

试听和总结

成品放大器外观如图 22 所示，尺寸与输出功率都较小，笔者也很担心音质，故试听了多张 CD。实际声音朴实稳定，不浮夸。

笔者认为，6AQ5 系列电子管比 6V6 系列电子管的声音更具个性，感染力强。本机使用的

PMF-8P-10K 型推挽输出变压器特性均衡，易用。

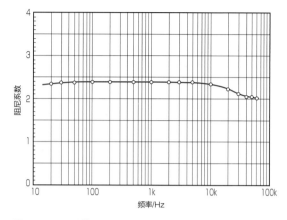

图18　阻尼系数

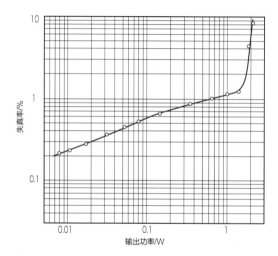

图19　失真率特性（1kHz）

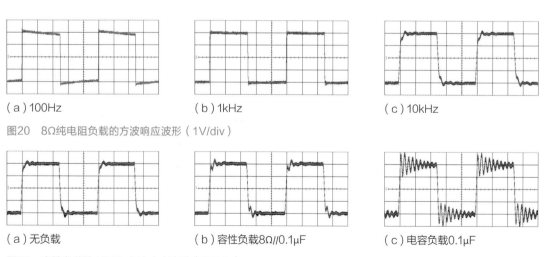

（a）100Hz　　　　　　　（b）1kHz　　　　　　　（c）10kHz

图20　8Ω纯电阻负载的方波响应波形（1V/div）

（a）无负载　　　　　　（b）容性负载8Ω//0.1μF　　　　（c）电容负载0.1μF

图21　容性负载的10kHz方波响应波形（1V/div）

图22　成品放大器外观

知识延伸

先做出成品，享受声音

本机既重视声音特性，又重视外观。参考本文仿制放大器，最难的恐怕是变压器类盖板和前面板的制作。如果是自己使用，可以忽略这些装饰，先把放大器做出来享受音乐，以后再完善外观。

这台放大器的制作初衷是小巧简单，故所有电子管都采用小9脚管。这使得电压放大－倒相级的配线稍显拥挤，如果配线时力有不逮，可以将阻容件安装在较大的端子板上。

若想增大输出功率，可将电源电压器替换为

PMC-190M，扼流圈替换为PMC-2325H。此时，高压电源电压提高至250V，屏极电流增加到40mA左右，输出功率可达4W。

如果感觉输入灵敏度低，可将电压放大级自偏压电阻分为2段，并增加旁路电容，这样既提高输入灵敏度，又通过增加旁路电容降低了阻尼系数，可减小大环路反馈电阻补偿。

岩村保雄

2021年5月发表

有效利用6BM8系列电子管

32A8全直接耦合推挽功率放大器

征矢进

　　6BM8 系列电子管是电视机垂直振荡－放大用三极－五极复合管，是老发烧友们都十分熟悉的经典产品。本机使用的 32A8 是 6BM8 系列串接灯丝型。五极管单元作功率放大，三极管单元搭配 12AU7 构成自动平衡倒相级。整机中规中矩，声音还原度高，输出功率约 6W。

实物配线图

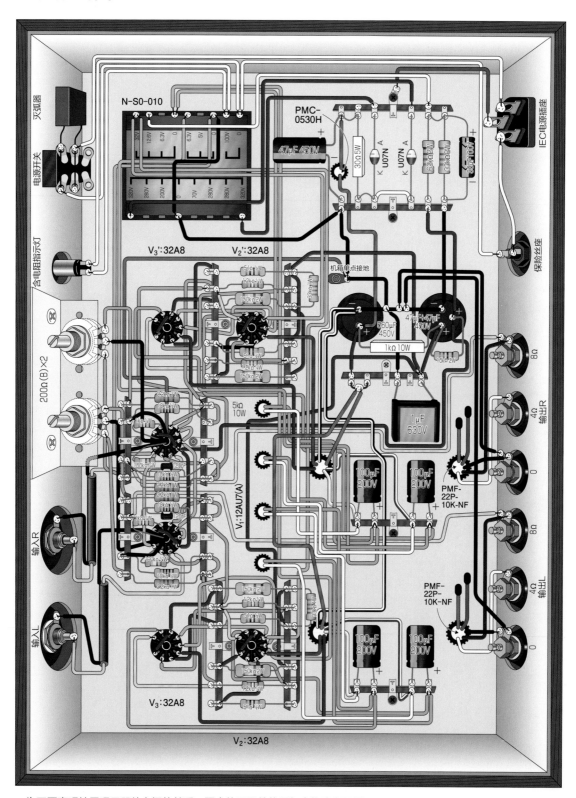

为了更直观地展现元器件之间的关系，图中的元器件位置与实物略有不同

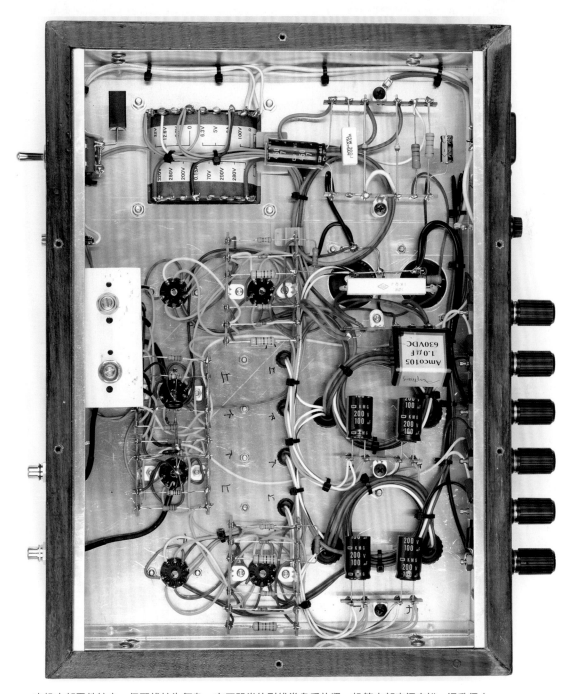

本机内部零件较少，但配线较为复杂。变压器类的引线卷盘后扎紧。机箱内部空间充裕，温升很小

品种多样的 6BM8 系列电子管

6BM8（ECL82）电子管是欧洲厂商为电视机垂直振荡 - 放大开发的三极 - 五极复合管。得益于其在音频放大方面的性能表现，一度被发烧友热捧。令人遗憾的是，也许是因为它常被用于组合音响，新手对其印象根深蒂固，导致它目前的评价并不高。

6BM8 系列电子管的灯丝功率约 5W，有多种电压 / 电流规格，使用方便。本机使用了串接灯丝系列 32A8 型，灯丝规格为 0.15A（32V），预热时间约 11s。

使用的电子管

本机使用的电子管的最大值与典型应用值见表 1。

6BM8 系列电子管的特性见表 2，不同型号因实际工况不同，参数略有差异，主要是灯丝 - 阴极耐压高低不同。本机采用单电源全直接耦合电路，功率放大管的阴极电压必然较高，故要重视上述区别，实际应用时需引入合适的灯丝偏压。

用本机变压器对其他规格灯丝点灯的方法如图 1 所示，供仿制时参考。

表1　本机使用的电子管的最大值与典型应用

参　数		32A8		12AU7（A）
		三极管单元	五极管单元	两个单元相同
用　途		垂直振荡 - 放大用三极 - 五极复合管		中放大系数双三极管
E_h（V）$\times I_h$（A）		32×0.15		12.6×0.15
				6.3×0.3
最大值	E_p/V	250	250	300
	E_{g2}/V		250	
	P_p/W	1	7（低频）	2.75
	P_{g2}/W		2	
	I_k/mA	15	50	20
	E_{h-k}/V	200		± 200
典型应用值	E_p/V	100	200	250
	E_{g2}/V		200	
	E_{g1}/V		-16	-8.5
	I_p/mA	3.5	35	10.5
	I_{g2}/mA		7	
	g_m/mS	2.5	6.4	2.2
	r_p/kΩ		20	7.7
	μ	70		17

※12AU7A 是 12AU7 的改良型，二者皆可用于本机。

表2　6BM8系列电子管的特性

型　号	E_h/V	I_h/A	E_{h-k}/V	P_h/W	$E_{p(P)}$/V	E_{g2}/V	$E_{p(T)}$/V
6BM8	6.3	0.78	100	4.914	300	300	300
8B8	8.2	0.6	200	4.92	250	250	
11BM8	10.7	0.45	200	4.815			
16A8	16.3	0.3	200	4.89	250	250	250
32A8	32	0.15	200	4.8	250	250	250
50BM8	50	0.1	200	5			

※《RCA 接收管手册》中 6BM8 和 50BM8 的五极管单元 E_{pmax}=600V。

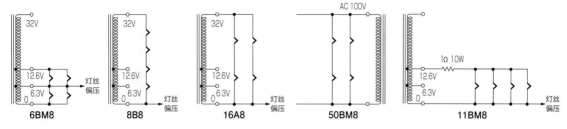

图1　6BM8系列电子管灯丝的接线图

阴 - 屏电压和帘栅极电压设为 250V，可兼容全系列型号。

12AU7 是常见的低放大系数双三极管，低失真，低噪声。

电路设计

推挽功率放大电路利用两支特性相同的电子管，一支管在正半周工作，另一支管在负半周工作，通过输出变压器将两支管的输出波形在负载上组合，得到一个完整的输出波形。因此，需要将输入信号通过倒相电路分成电压相等、相位相反的两个信号。

本机采用交叉平衡式倒相电路，电子管 V_1、V_2 构成单输入双输出差分放大器（阴极输出），V_3、V_4 分别通过共用阴极电阻的方法与 V_1、V_2 交叉耦合，构成共阴极放大器（图2）。

V_1栅极电压↗ ⇒ V_1阴极电压↗ $\begin{cases} ⇒ V_3阴极电压↗ ⇒ V_3屏极电压↗ \\ ⇒ V_4栅极电压↗ ⇒ V_3屏极电压↘ \end{cases}$

V_1栅极电压↘ ⇒ V_1阴极电压↘ $\begin{cases} ⇒ V_3阴极电压↘ ⇒ V_3屏极电压↘ \\ ⇒ V_4栅极电压↘ ⇒ V_3屏极电压↗ \end{cases}$

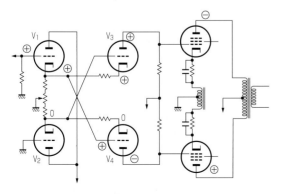

图2　交叉平衡式倒相电路

信号由 V_1 栅极单输入，故 V_2 阴极电压变化率为 0（参考点）。

此外，受输出变压器最大不平衡电流的限制，两只电子管的电流不能相差过多。对于全直接耦合推挽放大器，还须取得直流平衡，即在差分放大级添加平衡电位器。

工作点计算

（1）6BM8 五极管单元（功率放大）

6BM8 五极管单元的屏极输出特性曲线如图3所示。屏极电压 250V、帘栅极电压 200V、负载阻抗 10kΩ（2.5kΩ×4）时，屏极电流和帘栅极电流的变化如图4所示。

本机使用的 GENERAL TRANS 制 PMC-

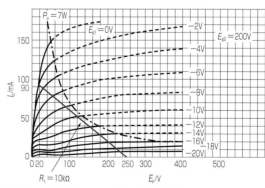

E_p=250V，E_{g2}=200V，R_L=10kΩ。工作在乙类状态时，理论输出功率：

$$P_o = \frac{\left(E_{pmax} - E_{pmin}\right) \times I_{pmax}}{2}$$

$$= \frac{(250 - 20) \times 0.09}{2} = 10.35(\text{W})$$

设输出变压器的效率为85%，则最大输出功率约8.8W。为了克服交越失真，需提高静态工作点至甲乙类，输出功率要减小一些。

图3　6BM8五极管单元的屏极输出特性

101

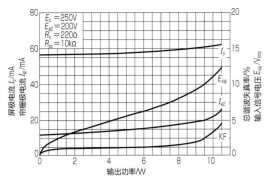

五极管的阴极电流是屏极电流与帘栅极电流之和。当输出功率较大时，帘栅极电流随着输出功率的增大而快速上升，这相当于引入了电流串联负反馈。实际应用时，需适当提高信号电压或规避这个区间，补偿这一问题。

图4　6BM8五极管单元甲乙类推挽放大的输入输出特性

22P-10K-NF 型变压器，属于小型变压器，效率约85%——略低。为了克服交越失真、规避输入输出特性不理想的区间，本机功率放大管几乎工作在甲类状态，最大输出功率在6W左右。

《世界电子管手册》中记载的6BM8甲乙类放大的典型应用值见表3。

（2）三极管单元（电压放大部分）

三极管单元的屏极输出特性如图5所示。工作点为 E_p=110V、I_p=1mA、R_a=150kΩ，放大系数50，输出电压120V_{p-p}。为了减小相位失真，阴极电阻上不并联旁路电容，即引入电流串联负反馈，实际放大系数在40左右。

可以施加负反馈和小量大环路负反馈。考虑到相位失真，偏压电阻上不并联旁路电容，即引入电流串联负反馈，实际电压增益在40倍左右。

整机电路分析

综上，整机电路原理图如图6所示。

（1）电压放大部分

差分放大电路使用双三极管12AU7，因本机采用全直接耦合设计，为了减轻负载电路与负反馈电路对本级直流工作点的影响，需要加大屏极电流，设为3mA。输入端舍弃了不常用的电位器，改用100kΩ 固定电阻。

电压放大与倒相由32A8 三极管单元实现。如上文所述，电压增益约40倍，略施加大环路负反馈，整机增益也是够用的。33kΩ 平衡电阻用于降低电路两边不对称对放大器性能的影响。

功率放大电路如上文所述，为了与前级直接耦合，阴极电位抬高至150V，阴极电阻设定为5kΩ。输出变压器有阴极负反馈绕组，阻尼系数

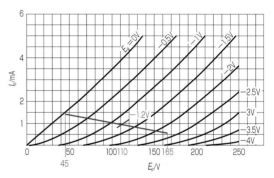

工作点为E_p=110V，I_p=1mA，E_k=1.2V，负载150kΩ时，屏极电压在165～45V变化。偏压为-1.2V，因此放大系数为

$$\frac{120}{1.2 \times 2} = 50$$

图5　6BM8三极管单元的屏极输出特性

表3　6BM8推挽甲乙1类放大的典型应用值（摘自《世界电子管手册》）

屏极电压 /V	200		250	
帘栅极电压 /V	200		200	
阴极电阻（两个阴极共用）/Ω	170		220	
负载电阻（两个屏极之间）/kΩ	4.5		10	
输入信号电压 /Vrms	0	14.2	0	12.5
屏极电流 /mA	2×35	2×42.5	2×28	2×31
帘栅极电流 /mA	2×8	2×16.5	2×5.8	2×13
输出功率 /W	0	9.3	0	10.5
总谐波失真率 /%	—	6.3	—	4.8

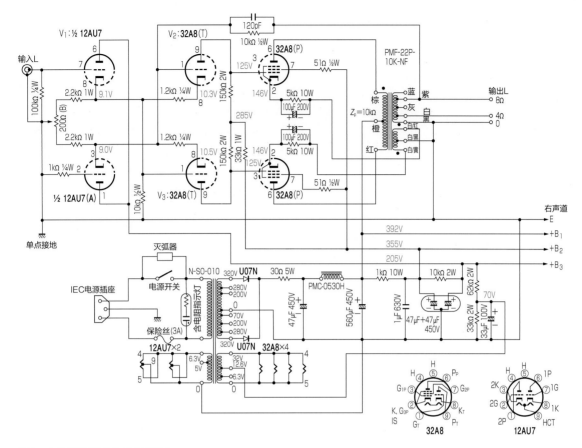

图6 电路原理图（省略右声道）

在 1 左右。实际试听时感觉低频不够紧凑，整体平衡性偏向低频，需进一步引入大环路负反馈进行补偿。笔者一边试听一边改变负反馈量，音质在反馈量为 6.2dB 时最理想，且兼顾了输入灵敏度。

测量时发现，10kHz 方波响应有细微的过冲现象，故在负反馈电阻上并联 120pF 电容，进行超前补偿。

（2）电源部分

电源电路一如既往地简单。笔者向 GENERAL TRANS 定制了多灯丝绕组的电源变压器，这样就可以使用 6BM8 系列任意型号的电子管（图1）。

高压电源 400V，由二极管（日立制 U07N型 1.5V/1A）全波整流并滤波后获得。推挽电路可以抵消电源纹波，故可不使用扼流圈。但笔者还是加入了扼流圈，以进一步降低交流声。二极管后面的 30Ω 电阻用于调节高压电源电压。

使用的零件

主要零件见表 4。

电子管使用了东芝制 32A8、松下制 12AU7（图7），仿制时使用手头闲置品即可。管座十分重要，要使用嵌合度良好的优质产品。

电源变压器使用的是 GENERAL TRANS 定制品，指定型号 N-S0-010。

输出变压器使用的是 GENERAL TRANS 制 PMC-22P-10K-NF 型，额定功率 22W。其参数如图 8 所示，不平衡电流最大值 7mA，很适合本机这种全直接耦合电路。

除电源变压器外，本机未使用特殊零件，可以充分利用手头闲置品，使用自己喜欢的产品。

表4 主要零件清单

零 件	型号 / 规格		数 量	品 牌	规格说明
电子管	32A8		4	东 芝	品牌不限
	12AU7		2	松 下	品牌不限
电子管座	小9脚		6	QQQ	模 制
二极管	U07N		2	日 立	1.5kV/1A
输出变压器	PMC-22P-10K-NF		2	GENERAL TRANS	
电源变压器	N-S0-010		1	GENERAL TRANS	定 制
扼流圈	PMC-0530H		1	GENERAL TRANS	
电 容	560μF	450V	1	尼吉康	焊片引脚型
	47μF	450V	1	日本贵弥功	立式电解
	47μF+47μF	450V	1	日本贵弥功	黑金刚型
	100μF	100V	4	日本贵弥功	立式电解
	33μF	100V	1	UNICON	圆柱形
	1μF	630V	1	AMTRANS	薄膜型
	120pF		2		云母型
电 阻	1kΩ	10W	1	TAKMAN	水泥型
	5kΩ	10W	4		珐琅型
	30Ω	5W	1	TAKMAN	水泥型
	150kΩ	2W	4	E-Globaledge	金属膜型
	62kΩ	2W	1	AMTRANS	金属氧化膜型
	33kΩ	1W	1	AMTRANS	金属氧化膜型
	10kΩ	2W	1	AMTRANS	金属氧化膜型
	33kΩ	1W	2	AMTRANS	金属氧化膜型
	2.2kΩ	1W	4	AMTRANS	金属氧化膜型
	10kΩ	1/2W	4		金属膜型
	51Ω	1/2W	4		金属氧化膜型
	100kΩ	1/4W	2		碳膜型
	1.2kΩ	1/4W	4		碳膜型（参考正文）
	1kΩ	1/4W	2		碳膜型
音量电位器	200Ω（B）		2	TOCOS	φ24mm
机 箱	S-3		1	LEAD	自制木质外壳
其 他	适 量				

图7 本机使用的电子管：左12AU7（松下），
右32A8（东芝）

机箱使用的是 LEAD 制 S-3 型，尺寸为 350mm×250mm（长×宽），呈饭盒状（图9、图10）。木框是请爱好木工的朋友帮忙制作的。机箱顶板厚 1.2mm，对于承载的变压器之重略显单薄，运输时需加固。奶油色上面板与深色木框搭配增添了高级感，但这仅代表笔者的个人喜好，大小差不多的机箱都可以使用。

制 作

功率放大管的阴极电阻，本次故意放在面板

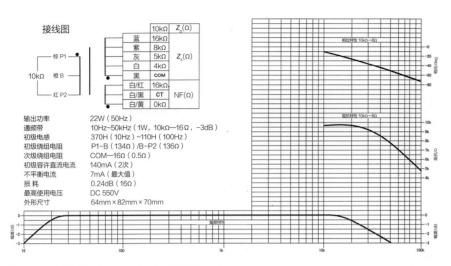

接线图

颜色	阻值	类型
	10kΩ	$Z_p(\Omega)$
蓝	16kΩ	
紫	8kΩ	
灰	5kΩ	$Z_s(\Omega)$
白	4kΩ	
黑	COM	
白/红	16kΩ	
白/黑	CT	NF(Ω)
白/黄	0kΩ	

棕 P1
10kΩ　橙 B
红 P2

输出功率	22W（50Hz）
通频带	10Hz~50kHz（1W, 10kΩ—16Ω，-3dB）
初级电感	370H（10Hz）~110H（100Hz）
初级绕组电阻	P1-B（134Ω）/B-P2（136Ω）
次级绕组电阻	COM—16Ω（0.5Ω）
初级容许直流电流	140mA（2次）
不平衡电流	7mA（最大值）
损　耗	0.24dB（16Ω）
最高使用电压	DC 550V
外形尺寸	64mm×82mm×70mm

图8　输出变压器PMC-22P-10K-NF的特性

图9　后面板。扼流圈的尺寸与输出变压器相同，配置在后方，平衡感好

图10　机箱顶面空间充足，零件布局宽松。大功率电阻发热较大，安装在机箱外有利于散热

上，彰显直接耦合放大器的特点，也有利于散热。面板过线孔一定要添加护线圈，确保安全。

实物配线图请参考第98页，制作时可以参考。

差分放大级如图11所示。管座的中心引脚，焊接粗铜线作为接地母线，周围地线汇聚在此处，形成单点接地。阻容件安装在4P端子架上。这样搭配，便于拆换零件与配线，也方便后期检查。

左上角是200Ω直流平衡电位器，通过角铁固定在机箱上。输入端子到差分放大级，使用屏蔽线降噪。

32A8周边的元器件通过6P端子架配线，如图12所示。这里较为拥挤，容易出现问题，配线时务必仔细检查。

功率放大管阴极电阻的旁路电容（100μF/

200V）安装在不易受热的位置，如图13所示。4P端子架固定在输出变压器安装螺丝上。

电源部分如图14所示。电源电路只有几个零件，与灯丝偏压电路一起安装在6P端子架上。

上述内容不需要特殊说明，请参考实物配线图安装。

调　试

配线完成后，必须清扫机箱内部，如图15所示。全直接耦合放大器无法单独调试每个部分，因此必须仔细检查有极性元器件的安装方向与配线。

确认无误后，插入3A左右的保险丝，先不

图11 差分放大级

图12 32A8周边。端子架固定在管座安装螺钉上

图13 输出接线柱端子，可压接，也可以焊接。过长的输出变压器引线绕起来即可，没必要剪短

图14 电源部分

图15 配线结束后仔细清扫机箱，确保无碎屑和焊渣

接高压电源（开路 30Ω/5W 电阻），通电。确认所有电子管灯丝是否正常点亮，有无过亮或过暗现象，并用万用表确认灯丝电压。

恢复 30Ω/5W 电阻，开路负反馈电阻，将 200Ω 平衡电位器调至中间位置。接通电源约 11s 后，快速检查功率放大管阴极电阻电压，应在 150V 左右。如果电压出入较大，可以调节 32A8 三极管单元的阴极电阻，或更换电子管。

确认电压无误后，调整 200Ω 平衡电位器，使推挽管阴极之间的电压为 0。

在这个过程中，如果保险丝烧断，电源变压器发出异响，或出现异味，就要立即切断电源，找出问题所在并修复。

恢复负反馈电阻后，再次调整 200Ω 平衡电位器，使推挽管阴极之间的电压为 0。如果有信号发生器，可以确认电压增益降低了 6dB。如果没有信号发生器，可连接喇叭试听。若出现振荡现象或音量增大，则表示出现了正反馈，需要再次检查配线，修正错误。

最后，检查各处电压，接近电路原理图（图6）中标注的数值即可。

特 性

输入输出特性如图16所示。输入1.6V时输出6W。整机电路方面，只有32A8三极管单元获得电压增益，各路负反馈相加约12dB，整机增益偏小。与输入0dB时获得最大输出功率尚有差距。不过，考虑到数字化播放设备的输出电平普遍较高，这并不影响实际使用。

幅频特性如图17所示，-1dB通频带为10Hz～50kHz，整个区间无转折点，特性很好。低频的幅度略有降低，这是输出变压器的基本特性。

20Hz～50kHz的阻尼系数稳定在3.6，50kHz以上增大到5，如图18所示。

谐波失真率如图19所示。10kHz和100Hz、1kHz的曲线略有分离，但曲线整体趋势一致稳定，无须修改。

左右声道的残留噪声分别为0.15mV和0.1mV，数值很低。

各频率下的方波响应波形如图20所示。

100Hz与10kHz的响应波形几乎保持信号原样，可见电路性能十分优异。尤其是100Hz的响应波形，是单端放大器难以实现的。

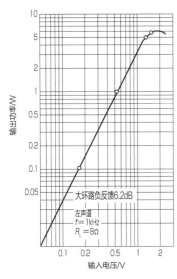

图16　输入输出特性

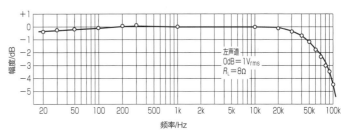

图17　幅频特性

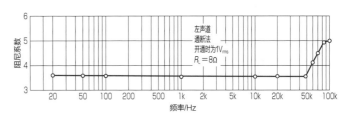

图18　阻尼系数

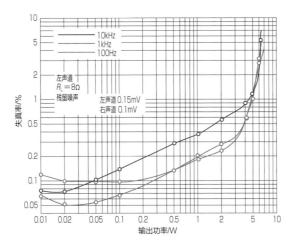

图19　失真率特性

（a）f = 100Hz，R_L = 8Ω

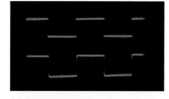
（b）f = 1kHz，R_L = 8Ω

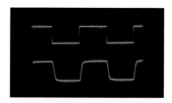
（c）f = 10kHz，R_L = 8Ω

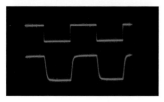
（d）f = 10kHz，无负载

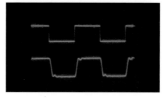
（e）f = 10kHz，8Ω//0.47μF

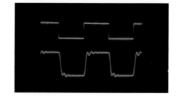
（f）f = 10kHz，0.47μF

图20 方波响应波形（左声道，输出1V_rms；上为输入，下为输出）

图20（d）所示为无负载时的响应波形。可以看出放大器在高频区的稳定特性。

图20（e）是8Ω电阻负载并联0.47μF电容时的响应波形。图20（f）是0.47μF纯电容

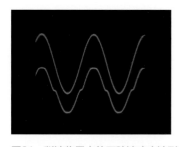

图21 削波临界点的正弦波响应波形（左声道，f = 1kHz，R_L = 8Ω，输出7W；上为输入，下为输出）

负载的响应波形。接容性负载时，振铃现象可控，无振荡。

图21所示为削波临界点的正弦波响应波形。削波时出现了交越失真。

综上所述，本机完全可以通过使用大口径扬声器，充分发挥实力。

试 听

试听设备为TAD双低音系统和Altec 620B，以及4寸全频扬声器。

虽为推挽放大器，却具有单端放大器的听感，明亮清爽。声音柔和，长时间使用也不令人疲惫。

 知识延伸

寻找好用的电子管，打造可重塑的放大器

6BM8音质优秀，很适合作为音频功率放大管使用，因此应用广泛。不可否认的是，单端放大电路的输出功率约为3W，推动现在主流的低灵敏度扬声器略显功率不足。因此，本机制成推挽放大器，增加了输出功率。

电路采用全直接耦合的方式，省略了耦合电容，也就不必费尽心思选择耦合电容了，还可提高音质。为了匹配低阻抗音箱，使用输出变压器，这是没有办法的事。

本机在2021年富山Craft Audio试听会上得到

大家的广泛认可。仿制时要注意本机的自动平衡倒相级，电压放大管需要正确交叉，否则无法正常工作。

32A8曾用于无变压器型五管超外差收音机，市面上也许还有许多同等管。找到这些电子管也有一种寻宝的快乐。

本机的制作成本不高，老手可以轻松修改为自己喜欢的布局，如果预算充足，还可以将普通零件替换为高品质零件。

征矢进

2019年2月发表

6L6GC三极管接法，输出功率6W

6L6GC全直接耦合单端功率放大器

征矢进

　　功率放大管 6L6GC 三极管接法的输出功率通常较小。本机使用 6AQ8 构成阴极跟随器，直接耦合推动 6L6GC，使其工作在甲 2 类，输出功率可达 6W，与标准接法无异。整机电路无大环路负反馈，搭配性能优异的输出变压器，使得本机工作稳定，幅频特性好，音质柔和。6L6GC 工作点按典型应用设定，故兼容 6L6 全系列产品。

实物配线图

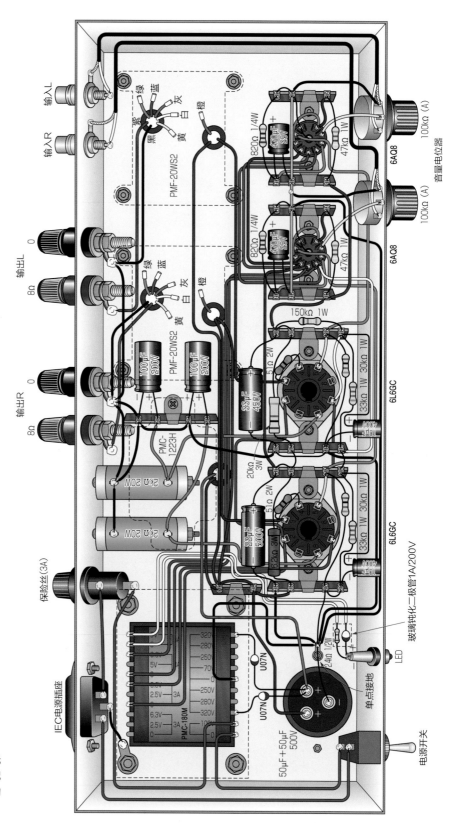

为了更直观地展现元器件之间的关系与配线，元器件位置与实物略有不同

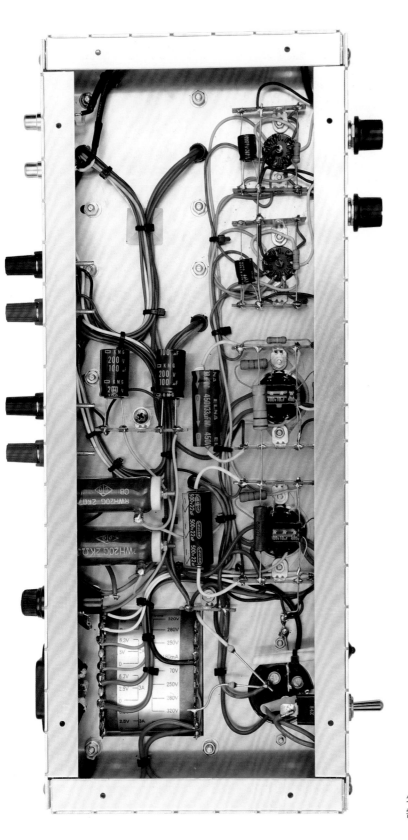

全直接耦合电路，阻容件较
少，配线简单。输出变压器引线
需用扎带捆扎好

无反馈全直接耦合放大器

本机是 6L6GC 作三极管接法，工作在甲 2 类状态的单端功率放大器。功率放大管采用三极管接法时，无反馈放大器也可得到适度的阻尼系数。6L6GC 工作点按早期金属管的典型应用设定，可兼容 6L6 全系列产品。

信号全直接耦合，无大环路负反馈，故二次谐波失真比较大，但笔者并未将控制失真率放在首要位置。如果介意失真率，可在电压放大级使用 12AT7 来抵消失真，详情请参考《MJ 无线与实验》2017 年 10 月刊的"807 单端放大器制作笔记"。其余特性也顺其自然，可感受 6L6 原本的音质。本机不需要调试，没有高级仪表的新手也能够轻松仿制。

工作点计算

（1）功率放大级

本机可使用的电子管见表 1。6L6GC（图 1）的工作状态为三极管接法，甲 2 类，自给偏压。电源电压按典型应用值计算为 250V+20V=270V。

图 2 所示为 6L6GC 三极管接法的屏极输出特性曲线与图解法计算。

工作点设在 E_p=270V，I_p=70mA，E_g=-18.7V，负载 2.5kΩ。

按典型应用值计算，甲 1 类工作状态的理论输出功率约 1.4W，较小。本机设计为甲 2 类工作状态具有必要性，这可大幅度提高输出功率。

算式如图 2 所示，若将 E_g 推动至 +15V，可获得约 5W 的输出功率；推动至 +22.5V，可获得约 7W 的输出功率，与标准接法的输出功率相当。

E_g=+22.5V 时，推动电压约需要 83V_{p-p}，自然会有正向栅极电流，需要功率信号推动，故阻容耦合电路不适用。

（2）阴极跟随器级

6AQ8 二单元（图 3）构成阴极跟随器级。因跨导 g_m 较高，故输出阻抗仅为几百欧，可强力推动功率放大级。

（3）电压放大级

6AQ8 一单元构成电压放大级。其屏极特性不算优秀，故笔者故意加大负载电阻，减小 I_p，

表1 使用的电子管的最大值和典型应用值

参 数		6L6G（束射管接法）	6L6G（三极管接法）	6L6GC	6AQ8
用 途		功率放大用束射四极管	功率放大用束射四极管	功率放大用束射四极管	高放大系数双三极管
E_h（V）×I_h（A）		6.3×0.9	6.3×0.9	6.3×0.9	6.3×0.435
最大值	E_p/V	360	275	500	300
	P_p/W	19	19	30	2.5（2个单元共4.5W）
	E_{g2}/V	270		450	
	P_{g2}/W	2.5		5	
	R_g/MΩ 固定偏压	0.1	0.1	0.1	
	自偏压	0.5	0.5	0.5	
	E_{h-k}/V	±180	±180	±200	90
典型应用值	E_p/V	250	250	250	250
	E_{g2}/V	250		250	
	E_{g1}/V	-14	-20	-14	-2.3
	I_p/mA	72～79（I_{g2}=5～7.3mA）	40～44	72～79（I_{g2}=5～7.3mA）	10
	P_o/W	6.5（R_L=2.5kΩ）	1.4（R_L=5kΩ）	6.5（R_L=2.5kΩ）	
	g_m/mS	6	4.7	6	5.9
	μ			8	
	r_p/kΩ		22.5	1.7	22.5

图1 GE制6L6GC，此管为复古管，广泛用于吉他放大器，现在仍在生产

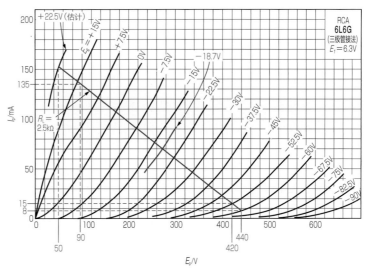

工作点设在E_p=270V，I_p=70mA，E_g=−18.7V，负载2.5kΩ。若推动到E_g=+15V，则最大输出功率：

$$P_o = \frac{\left(E_{pmax} - E_{pmin}\right) \times \left(I_{pmax} - I_{pmin}\right)}{8} = \frac{(420-90) \times (135-15) \times 10^{-3}}{8} = \frac{330 \times 120}{8} \times 10^{-3} = 4.95(W)$$

若推动到E_g=+22.5V，则最大输出功率：

$$P_o = \frac{(440-50) \times (150-8)}{8} \times 10^{-3} \approx 6.92(W)$$

这时，推动电压需83V_{p-p}。

图2 6L6GC三极管接法的屏极输出特性曲线与图解法计算

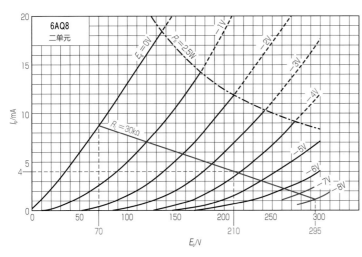

工作点E_p=210V，I_p=4mA，E_g=−4V，负载电阻30kΩ，E_p摆幅295V−70V=225V，大于功率放大级最高推动电压。

图3 6AQ8二单元的屏极特性曲线与图解法计算

希望能抵消6L6GC产生的失真（图4）。根据测量结果发现，只能抵消部分失真，达不到上述807三极管接法单端放大器的低失真特性。但笔者很喜欢它的音质，故维持不变。考虑到阴极跟随器电路无电压增益，故本机电压增益全部由电压放大级实现。

图5所示为电压放大级和阴极跟随器级使用的6AQ8。

电路设计

电路原理图如图6所示。

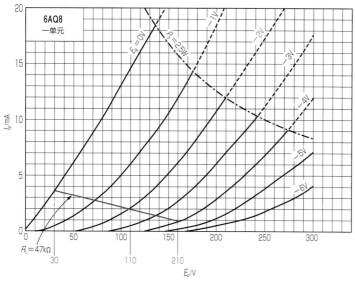

工作点E_p=110V，I_p=2mA，E_g=-2V，负载电阻47kΩ，E_p摆幅210V-30V=180V。失真略大，可部分抵消6L6的失真

图4　6AQ8一单元的屏极特性曲线与图解法计算

图5　电压放大级和阴极跟随器级使用的6AQ8（松下）

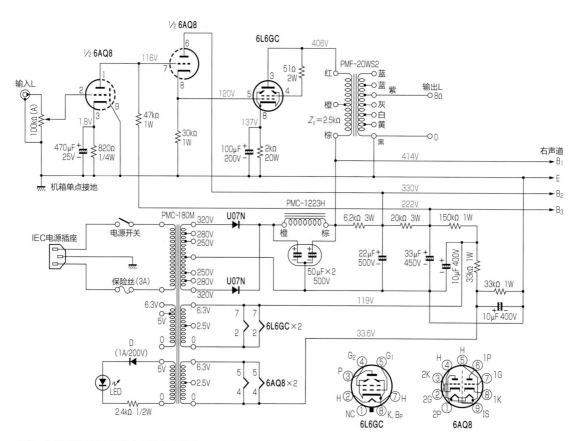

图6　本机的电路原理图（省略右声道）

电源变压器 PMC-180M 次级高压绕组 320V，经晶体二极管整流滤波后为 400V 左右。6L6GC 实际屏极电压按照 260V 考虑，则 6L6GC 阴极电压需抬高至 140V。按 I_p=70mA 计算，6L6GC 屏极耗散功率为 18.2W。低于 6L6G 屏极耗散功率 19W，更低于 6L6GC 屏极耗散功率 30W。考虑到 6L6GC 阴极电压接近灯丝 – 阴极耐压最大值，故施加了灯丝偏压。

电压放大级与推动级电压，则按 6L6GC 阴极电压 140V 顺序分配。

使用的零件

本机使用的主要零件见表 2。

机箱为在《MJ 无线与实验》中公布的折弯式机箱，尺寸为 400mm×164.5mm×40mm。仿制时可以使用大小接近的机箱，如 TAKACHI 电机工业制 SRDSL-20HS 型、YM-400 型（需加固）或 SRDSL-9 型（已停产），LEAD 制 S-2 型等。

变压器类均为 GENERAL TRANS 制，很容易买到。输出变压器为 PMF-20WS 型（图 7），幅频特性好，带内波动小。

表2　主要零件清单

零 件	型号 / 规格		数 量	品 牌	规格说明
电子管	6L6GC		2	Electro-Harmonix	品牌不限
	6AQ8		2	松 下	品牌不限
电子管座	小 9 脚		2		耐用品
	大 8 脚		2		耐用品
输出变压器	PMC-20WS2		2	GENERAL TRANS	
电源变压器	PMC-180M		1	GENERAL TRANS	定 制
扼流圈	PMC-1223H		1	GENERAL TRANS	
机 箱			1		参考正文
电 阻	2kΩ	20W	2		珐琅型
	20kΩ	3W	1	Amtrans	氧化金属膜型
	6.2kΩ	3W	1	KOA	氧化金属膜型
	51Ω	2W	2	Amtrans	氧化金属膜型
	150kΩ	1W	1	Amtrans	氧化金属膜型
	47kΩ	1W	2	Amtrans	氧化金属膜型
	33kΩ	1W	2	Amtrans	氧化金属膜型
	30kΩ	1W	2	Amtrans	氧化金属膜型
	2.4kΩ	1/2W	1		氧化金属膜型
	820Ω	1/4W	2		碳膜型
电 容	50μF+50μF	500V	1	JJ Electronic	黑金刚型
	22μF	500V	1	Unicon	圆柱形
	33μF	50V	1	ELNA	圆柱形
	10μF	400V	2		立 式
	100μF	200V	2	日本贵弥功	立式，KMG
	470μF	25V	2	日本贵弥功	立 式
二极管	U07N		2	日 立	
	1A	200V	1		LED 用
LED			1		
音量电位器	100kΩ（A）		2		

※ 此外还有输入端子、输出端子、旋钮、电源开关、交流输入电源插座、保险丝座、保险丝（3A）、立式端子架、橡胶垫脚等外装零件以及电线、整套螺钉 / 螺母。

图7 PMF-20WS型输出变压器。磁性材料为硅钢片，含超线性抽头

阻容件均选用标准品，建议有效利用手中的闲置品。

制 作

外观如图8、图9所示。为了让读者了解未喷漆的状态，本机故意没有涂漆，安装时要仔细，

避免碰伤。读者可以按照喜好打造独特的外观。

机箱前后布局，电子管类零件放置在前排，强调了电子管式功率放大器的特点。机箱内部零件较少，布局宽松。6L6GC自偏压电阻2kΩ为20W珐琅电阻（图10）发热量较大，要尽可能远离电解电容。笔者将其固定在背板上，以加强散热。

图11所示为6AQ8的配线情况。立式端子架用10mm隔离柱架高，这样便于安装零件，且不易受机箱散热的影响。端子架与音量电位器的间隙较小，需谨慎装配。

图12所示为6L6GC的配线情况。电源B_2、B_3的退耦电容和灯丝偏压电路，配置在管座下方空闲区域。

图13所示为高压电源滤波电容周围的配线。

图14所示为输入输出端子配线。

机箱四角以铝板加固，并安装橡胶垫脚，如图15所示。

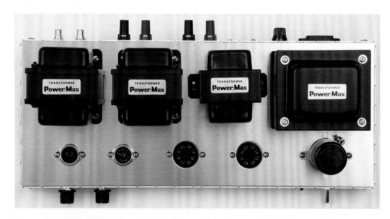

图8 电子管放置在前排，变压器类在后排，变压器类占机箱面积较大

图9 背板零件由左至右：电源输入插座、保险丝座、扬声器接线柱、输入端子

调 试

本机是直接耦合电路，检查配线的作业尤为重要。检查前，必须仔细清扫机箱内部。然后按照图6，检查一条线，就标记一条线，这样可以杜绝漏检。

配线检查无误后，即可上电检查。在检查过程中，如果出现保险丝烧断或异响，要立即切断电源，排除故障。

先断开高压整流二极管（U07N），检查灯丝电路。将3A保险丝放入保险丝座，插入4支电子管，接通电源。使用万用表确认电源变压器各个绕组电压后，观察4支电子管灯丝是否点亮，以及是否过亮。

如果一切正常，则焊好断开的高压整流二极管，将万用表接至任意一声道的6L6GC阴极偏压电阻：上电10s左右后，电压应该稳定在140V左右。然后，检查另一个声道与其余标记点的电压。

图10 6L6GC自偏压电阻（绿色珐琅电阻）安装在保险丝座与输出端子之间

图11 电压放大级与推动级，接地母线跨接在端子架上

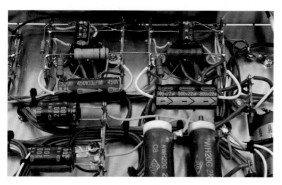

图12 功率放大管6L6GC管座周围的状态。电源电路的阻容件安装在立式端子架之间，余下的端子连接灯丝偏压元件

图13 整流二极管跨接在滤波电容和端子架之间。电源指示LED与限流电阻需加绝缘套管

图14 安全起见，输出变压器的空余线头用热缩管绝缘，放在机箱角落

图15 橡胶垫脚

电压误差若超过 5%，请检查电路或交换电子管，找出问题所在。若电路正常，纯属电子管离散性过大，导致的电压偏差大，可将 820Ω 电阻替换为 2kΩ 左右的电位器，调节电位器，使 6L6GC 阴极电压在 140V 左右。调试结束后，用接近该电阻值的固定电阻替换电位器。

本机无需其他调试。

测 量

如图 16 所示，输入电压为 840mV 时，输出功率 6W。增大输入电压后，输出功率可达 8W。

图 17 所示为幅频特性，可以看出 PMC-20WS2 型输出变压器性能良好。

阻尼系数如图 18 所示，低频略有上升，但稳定在 1.47。使用大型落地扬声器可以轻松听到有分量的低频。若想提高阻尼系数，进一步改善幅频特性，可施加少量负反馈——不会发生振荡等问题。

失真率特性如图 19 所示，各频率几乎与 1kHz 的曲线一致，故只展示 1kHz 的曲线。

也许是因为失真抵消得并不充分，或者是 6L6GC 与 6AQ8 默契不足，失真量略大。但 1W 时的失真率只有 1.3%，且以二次谐波为主，

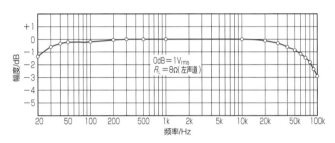

图17 幅频特性（0dB=1V_{rms}）

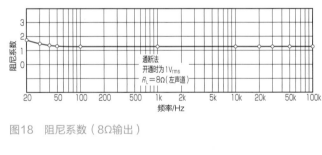

图18 阻尼系数（8Ω输出）

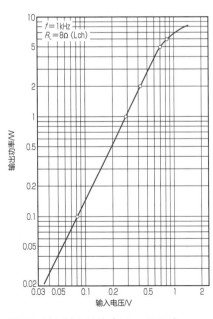

图16 输入输出特性（8Ω，1kHz）

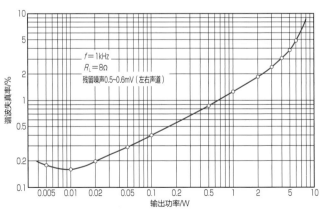

图19 失真率特性（8Ω，1kHz）

失真率曲线平滑，几乎是线性增长，故顺其自然，不作修改。

波形观测

图 20 所示为各频率下的方波响应波形。

100Hz 时，波形斜率绝对值略有增加。这点与图 17 所示低频端的幅频特性一致。

10kHz 时，波形轻微过冲，接近标准波形，表示在极高频率下都有响应。这点与图 17 所示高频端的幅频特性一致。过冲波形，展开后测量频率在 100kHz 以上。因本机是无反馈放大器，故不作处理。

图 21 所示为负载变化时观测到的波形。每种情况都十分稳定，体现出无反馈放大器的特征。

图 22 所示为最大输出功率时的正弦波形。饱和与截止同时出现，这证明负载阻抗 2.5kΩ 是适宜的。

图 23 所示为输出 0.5W 和 2W 时的失真波形。输出 0.5W 时，二次失真优秀。而输出 2W 时，功率放大管工作点过渡到甲 2 类区间，故失真较为复杂。

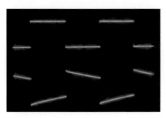

（a）100Hz

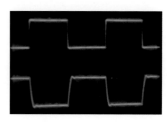

（b）1kHz

（c）10kHz

图20　输出1V~rms~时各频率下的方波响应（左声道，8Ω，上为输入，下为输出）

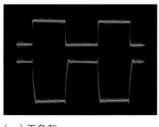

（a）无负载

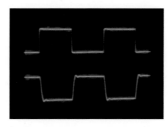

（b）8Ω//0.1μF

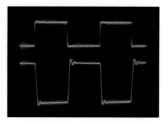

（c）0.1μF

图21　不同负载的10kHz方波响应（左声道，输出1V~rms~，上为输入，下为输出）

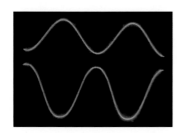

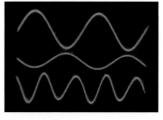

（a）输出0.5W

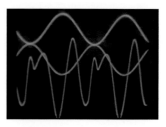

（b）输出2W

图22　最大输出功率（6W）时的1kHz正弦波响应波形（左声道，8Ω，上为输入，下为输出）

图23　1kHz的失真波形（左声道，8Ω。上为输入，中为输出，下为失真波形）

试 听

最终成品外观如图24所示。

人们早就知道6L6系列电子管的声音优异，故本机也十分温和。主观感受与之前发表的807三极管接法单端放大器相同。最大输出功率为6W，灵敏度略低的扬声器也完全能够使用。

图24 本机设计朴实，成本不高，值得仿制。可以为机箱涂漆，或安装木制面板

知识延伸

用不同种类的电子管感受声音的变化

笔者与岩村保雄、长岛胜二位参加了使用相同的机箱、变压器和功率放大管的放大器制作大赛。电路由每位参赛者分别设计，作品在2019年3月举办的"MJ音频节"试听会上发布。该活动意义深远，体现了每位创作者对电路的研究和思考，三台放大器都不遗余力地展示出独特的音质。

如果想打造极具个性的外观，可以涂漆或安装木制面板，甚至用木框包裹机箱。机箱周边可以充分发挥自己的见地。

本机为无反馈结构，有放大器制作经验的读者可以不局限于指定的输出变压器，初级阻抗为2.5kΩ、功率适宜的产品都可以使用，读者可有效利用手头闲置品。

资深爱好者可以先仿制本机，确认音质后套用本机电路结构，将电子管替换成其他型号。通过电子管替换试验，比较音色与音质的变化，享受不同声音带来的乐趣，寻找自己最喜欢的组合。例如，6AQ8可以更换为6（12）DT8或12AT7；不介意灵敏度略低的话，还可以使用12AY7、6DT8、8BQ7等放大系数在30～50的双三极管；功率放大管可替换为EL34/6CA7或KT66等。

征矢进

2020年9月发表

低内阻双三极管ECC99变压器推动300B

变压器推动型300B单端功率放大器

岩村保雄

　　使用输入变压器推动功率管，在电子管放大器电路中是一种传统且经典的设计。其幅频特性用当下的眼光来看可能不够优秀，但其独有的音色与音质却令人心旷神怡。本机电压放大与推动电路使用双三极管 ECC99，输入变压器是硅钢片铁心 PMF-55D 型，输出变压器是 PMF-20WS2 型，整机成本相对较低。电路采用无大环路负反馈设计，-3dB通频带 17Hz ~ 55kHz，阻尼系数 2.8。

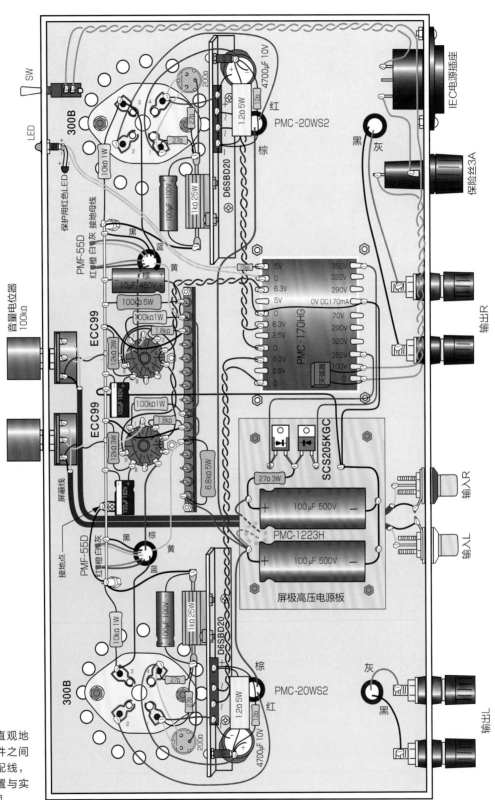

实物配线图

为了更直观地
展现元器件之间
的关系与配线，
元器件位置与实
物略有不同

机箱内部配置

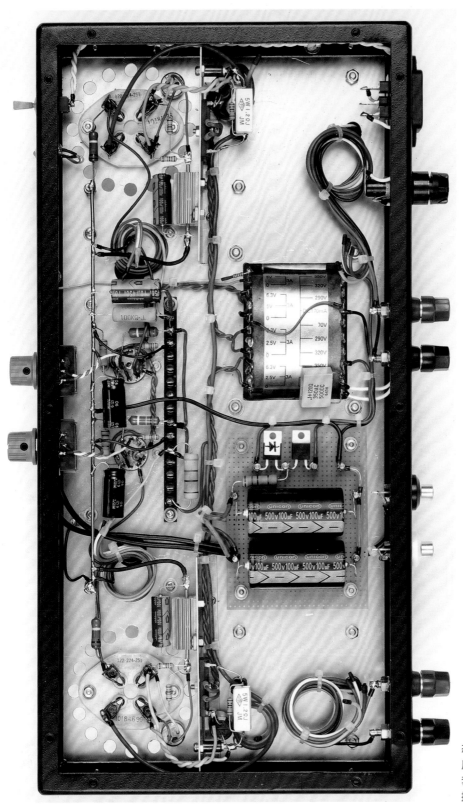

机箱内部的状态。变压器类不使用的引线，末端须套上绝缘套管，并捆扎成圆形

变压器推动 300B 单端功率放大器

对电子管放大器爱好者来说，功率放大管 300B 无疑是一种特别的存在，其外形及传说巩固了它的江湖地位。以前，WE（Western Electric）制 300B 价格高昂，是一种遥不可及的存在。随着仿制品的出现，它变得触手可及了。但是，我们还不敢轻易尝试制作 300B 放大器。

历史上，具有代表性的 300B 单端放大器是 WE 制 No.91A/No.91B 型（以下称 91A/B）。91A/B 电路设计为五极管阻容耦合推动 300B，并引入大环路负反馈，这使得其物理特性十分优异。91A/B 对电子管放大器的发展影响深远，至今仍被众多发烧友和厂商青睐。

以前，输入变压器应用于电子管放大器，因其物理特性不如阻容耦合电路，故多用于需要其特殊结构的推挽放大电路。此外，推动变压器本身的技术难度也较大，故在中小功率单端放大电路中难觅踪影。其应用电路通常被大家认为是古董，不为人所用。

让输入变压器推动 300B 单端放大器再次受到瞩目的是 2020 年 5 月 15 日与世长辞的松并希活先生。笔者曾多次在他的试听会上欣赏该放大器的声音，也曾多次到他家里试听。这款放大器零件少，制作容易，虽然其幅频特性并不十分理想，但是笔者对它的音色和烘托感十分着迷。奈何输入变压器价格高昂，很难轻易下手。

目前，输入变压器的磁性材料以坡莫合金和纳米晶软磁合金为主，其中 TANGO 制推动变压器 NC-14 的口碑很好，人们经常使用，包括笔者。令人遗憾的是 NC-14 停产了，不仅如此，平田电机制作所和 ISO 等生产厂家纷纷停业。不过，一直以来只生产纳米晶软磁合金输入变压器的 GENERAL TRANS，于 2020 年推出了以硅钢片为磁性材料的 PMF-55D 型输入变压器。这款变压器可视为 NC-14 的廉价版，笔者便想要用它制作入门级变压器推动 300B 放大器。

尽管是入门机，也考虑到了使用足以匹配 300B 的元器件，电路简单而不失要点，结构合理且组装方便。当然，最终目标是打造保真又立体的声音。

使用的电子管如图 1 所示。

电路设计

（1）功率放大级

300B 单端放大电路的设计较为简单，除了确定工作条件并据此计算所需的电源电路，几乎没有复杂之处。

300B 的最大值和典型应用值见表 1，WE 制与 JJ Electronic 制的参数略有不同。考虑到古董管很珍贵，故将本机工作点设置得偏低：管电压（屏极－阴极）350V，电流 60mA。

300B 的屏极输出特性曲线如图 2 所示。

电子管的负载阻抗（输出变压器初级等效阻抗）和输出功率、阻尼系数、失真率直接相关。组装本机后，笔者对此进行了分析，如图 3 所示。

负载阻抗为 4kΩ 时，可获得最大输出功率 8.8W，阻尼系数 3.0。

根据选定的电源变压器，屏极负载阻抗为

图1　使用的电子管：左300B（WE），右ECC99（JJ Electronic）

表1　300B和ECC99的最大值和典型应用值

参　数		300B	ECC99
灯丝电压 $E_h(E_f)$/V		5	12.6（6.3）
灯丝电流 $I_h(I_f)$/A		1.2（1.3）	0.4（0.8）
最大值	屏极电压 E_p/V	400（450）	400
	屏极耗散功率 P_p/W	36（40）	5
	屏极电流 I_p/mA	100	—
	灯丝－阴极耐压 E_{h-k}/V		200
典型应用值（甲1类）	放大系数 μ	3.9（3.85）	22
	屏极内阻 r_p/kΩ	0.74（0.7）	2.3
	跨导 g_m/mS	5.3（5.5）	9.5
	屏极电压 E_p/V	350（300）	150
	屏极电流 I_p/mA	60（60）	18
	栅极电压 E_g/V	−74	−4
	负载电阻 R_L/kΩ	4	—
	最大输出功率 P_{omax}/W	7（失真率5%）	—
	数据来源	WE（JJ Electronic）	JJ Electronic

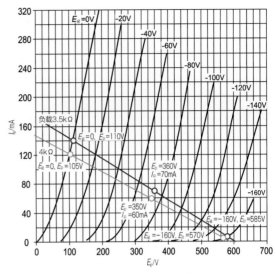

图2　300B的屏极输出特性曲线与本机工作点（红色）

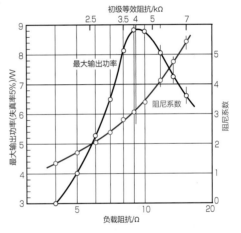

图3　最大输出功率特性

4kΩ（橙色），E_p=350V，I_p=60mA，屏极电压振幅为 570V−105V=465V，有效值 164.4V；功率为 6.76W，稍低于典型应用。

遗憾的是，市面上没有这样的产品，只能使用等效阻抗为 3.5kΩ 的输出变压器。

屏极负载阻抗 3.5kΩ（红色），E_p=360V，I_p=70mA，屏极电压振幅为 585V−110V=475V，有效值为 164.4V；功率为 8.06W，这与 WE 公司给出的典型应用类似。

此外还可以看出，工作点左右两个区间的屏极电压不对称，故削波点不对称，失真以偶次的为主。如果驱动至正栅压区，还可进一步提高输出功率。

按屏极最大耗散功率 36W、输出变压器效率 92% 左右计算，在 E_p=400V、I_p=90mA 时，负载上可获得约 10W 的功率。

（2）推动级与电压放大级

推动级的关键是怎样与功率放大级匹配，这通常需要考虑变比、阻抗匹配问题。

推动级的最大输出电压一般要比功率放大级所需的推动电压高一些，这样可使推动级工作在线性良好的区间，失真率低。

推动级负载阻抗为输入变压器初级等效阻抗，其值为 300B 栅漏电阻反射到输入变压器初级的阻抗与等效到输入变压器初级的铜阻之和。本机输入变压器的匝数比为 1：1，输入变压器的铜阻很低，因此推动级负载阻抗等于 300B 栅漏电阻。

根据经验，负载阻抗应该为推动管内阻的 3 倍左右。负载阻抗过大时，幅频特性曲线的高频区间易产生上冲现象；负载阻抗过小时，幅频特性曲线高频区间的衰减较快。

为了体现 300B 原本的音色，同时考虑到变压器耦合电路高低频区间相移较大的问题，本机不引入大环路负反馈。

计算推动级与电压放大级增益。由图2得知，功率放大管300B的偏置电压为-72V，若想在输入电压0.5V$_{rms}$时得到最大输出功率，则推动级与电压放大级要具备72/$\sqrt{2}$/0.5 ≈ 102倍的电压增益。

本机使用三极管ECC99作电压放大与推动。此管的屏极输出特性曲线如图4所示。

红线为推动管的负载线（10kΩ），工作点是E_p=180V、I_p=8mA，屏极耗散功率1.44W（最大值5W），内阻约3.5kΩ，电压放大系数μ=18。绿线为电压放大管的负载线，电压放大系数μ=20。显然，推动级与电压放大级电压增益之和偏高，需引入负反馈，以获得适当的电压增益。

通常，调节电压放大系数的方法是，将自偏压电阻分段并添加旁路电容，这样就引入了一定的电流串联负反馈，降低了增益。结合本机电路，在推动级引入电流串联负反馈，会导致推动级输出阻抗变大，故在电压放大级引入电流串联负反馈较为合适。

（3）电源部分和交流声平衡

屏极高压电源使用简单高效的二极管全波整流电路，灯丝电源电路则是传统的直流点灯电路。

灯丝平衡电路可使残留交流声降至最小，使

用固定电阻组合电位器的方式，可避免使用接触不太可靠的大功率电位器。

为了发挥出推动变压器的最佳效果，笔者根据测量结果进行了多次改进，最终确定的电路原理图如图5所示。

使用的元器件

现在生产300B的厂商有很多，价格不一，按喜好购买即可。

ECC99是JJ Electronic开发的高跨导、低内阻双三极管，通常用于小功率放大和强力推动电路。

输出变压器使用GENERAL TRANS制PMF-20WS2型，最大输出功率20W。输出变压器的容量（大小）通常体现为低频宽松度的差别，针对这点，GENERAL TRANS为300B制造了大一点的PMF-300BS2型，最大输出功率30W。但本机遵循小巧够用的原则，选择了前者。其特性和接线图如图6所示。因本机无大环路反馈，初级等效阻抗相同的输出变压器均可直接使用，无须更改电路参数。

输入变压器为GENERAL TRANS制PMF-55D型，其特性和接线图如图7所示。初级和次级匝数比为（1+1）∶（1+1），可用于单端放大和推挽放大电路。此款输入变压器的最大

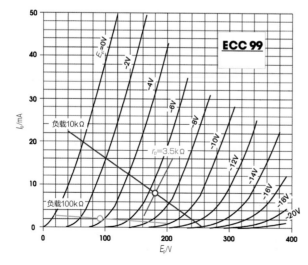

图4　ECC99的屏极输出特性曲线：红线为推动管的负载线，绿线为电压放大管的负载线

输出电压较高，很适合 300B 这类需要较高推动电压的电子管。

　电源变压器选用 GENERAL TRANS 制 PMC-170HG 型。本机高压电源工作电流共 165mA，其中电压放大级 2mA×2，推动级

9mA×2，功率放大级 70mA×2，泄放电流 3mA。

　整流二极管使用碳化硅高耐压型 SCS205KGC（1200V/5V），扼流圈使用 PMC-1223H（串联接法 12H/230mA，

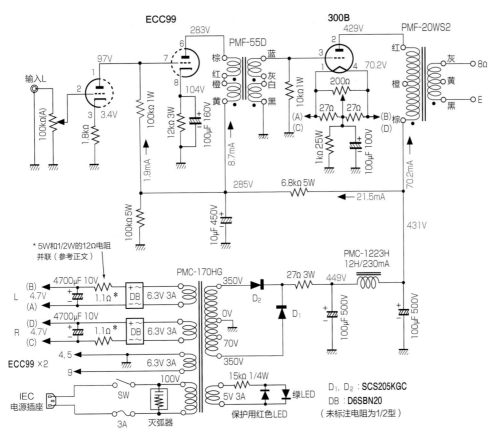

图5　电路原理图（省略一个声道）

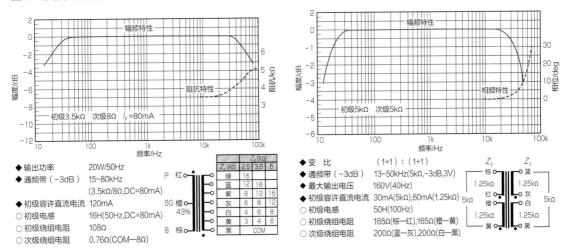

◆ 输出功率　20W/50Hz
◆ 通频带（−3dB）　15～80kHz
　　（3.5kΩ/8Ω，DC=80mA）
◆ 初级容许直流电流　120mA
○ 初级电感　16H（50Hz，DC=80mA）
○ 初级绕组电阻　108Ω
○ 次级绕组电阻　0.76Ω（COM−8Ω）

图6　输出变压器PMF-20WS2的特性和接线图

◆ 变比　（1+1）∶（1+1）
◆ 通频带（−3dB）　13～50kHz（5kΩ，−3dB,3V）
◆ 最大输出电压　160V（40Hz）
◆ 初级容许直流电流　30mA（5kΩ），60mA（1.25kΩ）
○ 初级电感　50H（100Hz）
○ 初级绕组电阻　165Ω（棕−红），165Ω（橙−黄）
○ 次级绕组电阻　200Ω（蓝−灰），200Ω（白−黑）

图7　输入变压器PMF-55D的特性和接线图

DCR=102Ω）；滤波电容使用 Unicon 电解电容（100μF/500V）。

300B 直流灯丝电源电路，使用肖特基整流桥 D6SBN20（200V/6A）整流，使用分压电阻 1.2Ω（固定）并联 12Ω 1/2W（调节），使 300B 的灯丝电压尽可能接近 5.0V。

笔者根据喜好，左右声道分别使用单联音量电位器进行音量调节。读者可以改为一个音量电位器孔，使用双联音量电位器。其他零件，满足电路需求即可，品牌不限。

机箱使用了 TAKACHI 电机工业制 SRD SL-9HS 型，加工尺寸如图 8 所示。角铝制散热片的加工尺寸如图 9 所示。

加工好的机箱如图 10 所示。不含电子管的整机俯视效果如图 11 所示。

主要零件见表 2。

制作步骤

为了降低安装作业难度、防止磕碰，应该先安装较为轻巧的零件，后安装较重的变压器类零件。机箱上各类导线的过线孔，要安装护线圈。

高压电源电路的元器件固定在电路板焊接插针上，组装成组件后整体固定到机箱（图 12）。

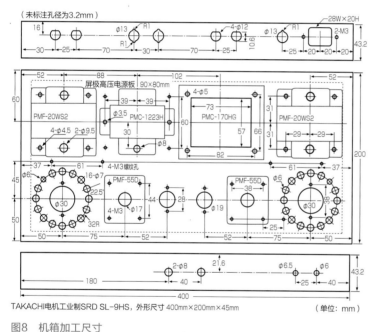

图8　机箱加工尺寸

图9　散热片加工尺寸：左右声道对称

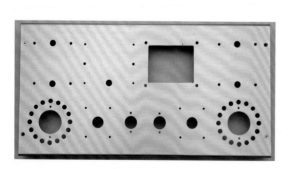

图10　加工好的机箱

图11　机箱顶板上的零件配置情况。功率放大管300B周围加工了散热孔

表2 主要零件清单

零 件	型号 / 规格	数 量	规格说明	供应商（参考）
电子管	300B	2	参考正文	
	ECC99	2	JJ Electronic	Amtrans
电子管座	4 脚	2		门田无线
	小 9 脚，模制	2	QQQ，可买到的优质产品	门田无线
二极管	碳化硅肖特基势垒，SCS205KGC	2	ROHM（1200V/5A）。SCS205KG 亦可	秋月电子通商
	硅肖特基桥，D6SBN20	2	新电元，300B 直流点灯（200V/6A）	秋月电子通商
变压器类	电源变压器，PMC–170HG	1		GENERAL TRANS
	输出变压器，PMF–20WS2	2		GENERAL TRANS
	推动变压器，PMF–55D	2		GENERAL TRANS
	扼流圈，PMC–1223H	1	12H/230mA	GENERAL TRANS
电 容	100µF 500V	2	圆柱形，Unicon，B 电源滤波	海神无线
	10µF 450V	1	圆柱形，尼吉康 TVX，退耦	海神无线
	100µF 100V	2	圆柱形，尼吉康 TVX，300B 旁路	海神无线
	100µF 160V	2	立式，日本贵弥功 SMG，推动级旁路	
	4700µF 100V	2	立式，日本贵弥功 KMG，直流点灯滤波	
电 阻	100kΩ，10kΩ 1W	各 2	碳膜型，电压放大级负载，300B 栅漏电阻	
	1.8kΩ 1/2W	2	金属膜型，电压放大级自偏压	
	27Ω 1/2W	4	金属膜型，交流声平衡	
	12Ω 1/2W	2	金属膜型，300B 直流点灯电压调节	
	27Ω 3W	1	氧化金属膜型，屏极高压电源滤波	海神无线
	12kΩ 3W	2	氧化金属膜型，推动级阴极电阻	海神无线
	6.8kΩ，100kΩ 5W	各 1	氧化金属膜型，退耦，泄放	海神无线
	1.2Ω 5W	2	水泥型，直流点灯滤波	濑田无线
	1kΩ 25W	2	DALE，无感金属绕线，300B 自偏压	海神无线
	15kΩ 1/4W	1	LED 用，种类不限	
可变电阻	音量电位器 100kΩ（A）	2	Alps Alpine RK–27111A	门田无线
	半固定电阻 200Ω，RJ–13B	2	NIDEC Components，含固定螺钉	门田无线
扬声器端子	UJR–2650G（红，黑）	各 2		门田无线
RCA 插座	HRJ–700（黑，白）	各 1		门田无线
IEC 电源插座	EAC–301	1		门田无线
机 箱	SRDSL–9HS	1	TAKACHI 电机工业，400mm × 200mm × 45mm，含橡胶垫脚	SS 无线
角 铝	111mm × 35mm	2	参考图 9	
旋 钮	佐藤部品 K–4071	2	音量电位器用（根据喜好）	门田无线
小型钮子开关	单刀双掷	1	NIDEC Components，8A1011–Z	门田无线
绿色 LED 指示灯	CTL–601	1	φ6.2mm 的产品	
红色 LED	φ3mm	1	保护指示灯用绿色 LED	
保险丝座	含 3A 保险丝	1	佐藤部品，F–7155	
灭弧器		1		
15P 端子架		1		
电路板		1	80 × 90mm	佐藤电气
电路板焊接插针		8		
立式端子	高约 17mm	4	TIGHT 制和 Bakelite 制均可	
支撑柱	公 – 母，15mm 长	4		西川电子部品
塑料护线圈	φ9.5mm	5	输出变压器用	西川电子部品
	φ8mm	1	扼流圈用	西川电子部品
镀锡线	φ2mm	0.5m	接地母线	
电 线	AWG 20，5 色	各 2m		
扎 带	8cm	适量	扎 带	西川电子部品
螺钉 / 螺母	M3 × 10mm	适量	扁头，圆头	西川电子部品

接地母线使用 φ2mm 镀锡线，焊接在两端的立式端子上，经焊片接地（参考实物配线图）。

阻容件较少，配线简单，可参考实物配线图和图 12 ~ 图 14。电压放大级 1.8kΩ 自偏压电阻等，通过 15P 端子架和接地母线进行配线。电源变压器 6.3V 灯丝绕组的 0V 端需接地（灯丝接地），忽略这一点会引入交流声。

直流点灯电路和功率放大管自偏压电路，安装在角铝制散热片上。整流桥、铝壳电阻与散热片之间要涂敷导热硅脂。与高压电源电路一样，事先组装成组件后，再固定至机箱。

配线结束，必须认真仔细地检查配线，确信无误后方可插入电子管，接通电源。首先观察灯

丝是否正确点亮，然后用万用表确认电路图上标注的各处电压，测量值在标准值 ±5% 以内即可。最后，在完全关闭音量电位器的状态下，调整灯丝平衡电位器，使输出的交流声电压最小，这样就完成了全部调试。

测 量

在输入电位器关闭的状态下，左右声道残留噪声分别为 0.3mV、0.4mV，几乎听不到交流声。正弦波信号频率 1kHz 的输入输出特性如图 15 所示。输入电压 0.32V$_{rms}$ 时，获得最大输出功率约 8W（失真率 5%）。

输出 1W 的幅频特性如图 16 所示。单独测量输入变压器前后两端电路的幅频特性得知，整机幅频特性由推动变压器决定。因此，与输入变压器相关的问题，需要认真谨慎地研究。

采用通断法测量阻尼系数（图 17）。信号频率在 100Hz ~ 10kHz 区间内，阻尼系数约为 2.8。由此可见，300B 负载阻抗 3.5kΩ 无反馈时，阻尼系数也不差。这的确是一种好用的电子管。

如果想得到更大的阻尼系数，可提高负载阻抗至 5kΩ。根据三极管的特性，输出功率降低，失真率同步降低。可通过试听选择。

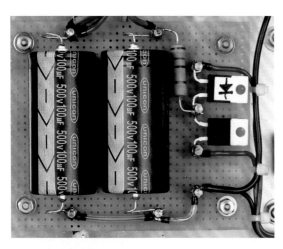

图12　高压电源板

图13　电压放大级和推动级的配线

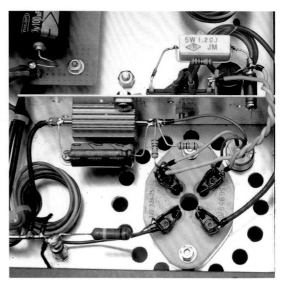

图14　功率放大级的配线

正弦波信号频率 100Hz、1kHz、10kHz 的失真率（图 18），在输出功率 0.1W 以上完全吻合。100Hz 曲线在 0.1W 以下区间失真率上升，这是受到残留交流声的影响。

方波响应波形如图 19 所示。本机是无反馈放大器，以防万一，同时观测了无负载和容性负载（8Ω//0.22μF，0.22μF）的 10kHz 方波响应波形（图 20）。由于无反馈，0.22μF 纯电容负载的 10kHz 响应波形有轻微波动。

方波响应波形

8Ω 纯电阻负载的 100Hz、1kHz、10kHz

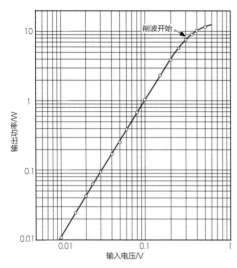

图15　输入输出特性（8Ω输出，1kHz）

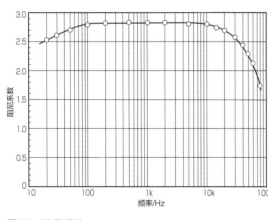

图17　阻尼系数

图16　幅频特性（0dB=1W）

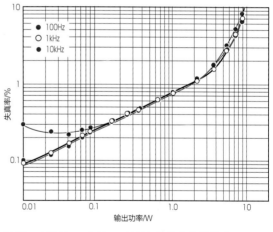

图18　100Hz、1kHz、10kHz的失真率特性（1kHz和10kHz使用400Hz低通滤波器）

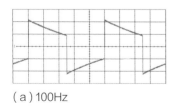

（a）100Hz　　　（b）1kHz　　　（c）10kHz

图19　8Ω纯电阻负载的方波响应波形（1V/div）

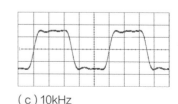

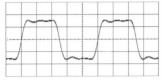

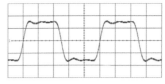

（a）无负载　　　　　　　　　（b）容性负载8Ω//0.22µF　　　　（c）纯电容负载0.22µF

图20　无负载和容性负载10kHz的方波响应波形（1V/div）

试听和总结

最终成品外观如图21所示。

笔者在试听中感受到紧凑的低频分量感。这台放大器给人的印象是，推动变压器并未表现出特殊的感觉，平衡性较好，音乐听上去很舒服。

本机完成后，笔者仍对30W级的PMF-300BS2型输出变压器念念不忘，故制作一台进行比较。结果是，在自己家的试听室里大音量播放时，听不出最大额定值20W和30W对低频的表现差别。

本机进行了许多测量与调试，花费了大量的

时间，希望这些结果能对喜欢使用输入变压器耦合的读者有所帮助。尽管笔者当初并没有期待本机有很高的物理特性，但作为无反馈单端放大器，本机的物理指标已经超标准。市面上的300B单端放大器多为91A/B型结构（阻容耦合＋负反馈），与本机电路比较，笔者认为前者更适合自制。

试听器材使用马兰士SA11-S2型CD机，自制线性放大器（《MJ无线与实验》2015年2月刊）改良版；音箱是Altec 604-8H型，配置Altec 802D/811B型扬声器。

图21　本机变压器排列密集。威风的300B不仅声音优美，视觉上也给人以享受

　知识延伸

输入灵敏度的调整和输出变压器的修改

本机用相对便宜的零件制作了变压器推动300B单端放大器，电路典型。作为无反馈放大器，这台音频放大器的幅频特性和失真率等物理指标相当优秀，已经超过了无反馈放大器的水准，所以物理指标方面无须改良。非要找问题的话，则是灵敏度偏高。有两种解决办法：

① 将输入变压器PMF-55D次级改为并联；

② 施加负反馈，即从PMF-55D次级（蓝）引出电压信号，反馈至电压放大级阴极。这样不但能降低输入灵敏度，还有望改善失真率。

PMF-55D型变压器，尽可能再现了口碑极高的TANGO制NC-14。同等品有ISO Transformers制NC-20F Ⅱ，不过初、次级均为单绕组。PMF-300BS2型输出变压器，同等品是桥本电气制H-30-3.5S。

如果对残留交流声要求不高，可使用交流点灯，这是一种有趣的尝试。

岩村保雄